獻給人生徬徨、職場迷惘的你

# 態度，決定你的亮度

職場致勝關鍵，不在難度，而在態度

溝通激勵大師
戴晨志——著

晨星出版

# 目次



## PART 1 心態是工作的成長關鍵

PART 2

# 學習與觀念是職涯的指南針

PART 3

# 表達與溝通是成功的第一步

PART 4

## 職涯迷茫是必經之路

自序

# 找到態度，讓自己閃閃發亮

戴晨志

這一生走來，我在海內外華人地區，受邀演講超過三千多場次；我發現，很多人的態度，充滿了「主動」與「自信」，有些人則是對自己，完全沒有信心。在演講互動當中，有些人會主動舉手、表達，有些人則是不敢說話、不敢舉手發言。

記得在我年輕時，一位前輩就跟我說：「晨志啊，你要永遠記得——別人沒有認識我們的義務，但是，我們有自我行銷的權利。」

這句話，我一直牢記在心裡。真的，在芸芸眾生之中，誰會主動來認識我們？誰會主動來提拔我們、照顧我們？不會的！

**你不主動，誰會為你主動？**
**你不積極，誰會為你積極？**
**你沒自信，誰會為你自信？**
**你不樂觀，誰會為你樂觀？**

我們在職場中，就是要——「主動把握機會、展現自己的才華與優勢，把自己推銷、行銷出去」，讓自己的才能被看見、被賞識、被喝采、被提攜。

所以，「自信，是一種習慣，而不是天分。」

我們都要「讓自己發光，不要等別人把你磨光。」

同時，也要「自信自律」，讓自己的工作態度「積極主動」。因為，「人的態度，決定自己所走的路」；只要願意為自己打開一扇「自信、樂觀的心窗」，我們的生命就能「閃閃發光」。

## 扭轉命運，先找到「改變」的態度

世界上，最糟糕的事，不是失業、不是沒錢、不是破產，而是自己「喪失了生命的熱情」，對自己沒有了「目標與渴望」。

**「態度對了，幸福就來了。」**
**「問題不在難度，而在態度。」**
**「做」與「不做」，決定我們的今天與明天。**

一個人，若失去了「目標」與「渴望」，生命就沒有了「發電的動力」，也就會失去了往前邁進的驅動力。

所以，我們都不要「聽天由命」，而是要「扭轉命運」。

我在世新大學擔任系主任時，曾經看到一個馬來西亞的僑生，他經常主動參加校內外的演講、詩歌朗誦比賽、英語演講比賽。為什麼呢？他說，他來台灣唸書，家裡沒有提供足夠的錢，讓他在台北生活，所以，他必須把握機會、主動參加比賽，讓自己能夠名列前茅、得到獎金，才能讓他有足夠的生活費。

真的，我們的生命目標，不能只是「空想」，或是「渾渾噩噩」地度日而已；我們都要驅動自己，以主動奮發圖強、實際行動的態度，才能破蛹而出，蛻變成美麗的蝴蝶、展翅高飛。

所以，「不看破、要突破」「不計較，常歡笑」「想改變，就要敢變」。一個人不能害怕割捨眼前的「小成就」，要勇敢突破「舒適圈」，改變自己、投資自己、成就自己。

## 渴望成功，別計較當下

「憨」，這個字，有勇敢，但下面也有「一顆心」。

這顆心，是用心、是細心、是信心、是真心、是專心，也是決心——有了這顆心，才能讓自己勇往直前、邁向成功！

如果，這一顆心，只是一直計較、一直抱怨、一直嘀咕、一直逃避、一直負面思考——

我的工作量太多、我的工作時數超過、我的福利太少、我的加班沒有加班費……或是，埋怨主管對我講話的態度不好、同事好像不太理我、嘲諷我……

唉，你知道嗎，

**「計較，是貧窮的開始啊！」**

任何事情都要比較、計較、都要抱怨，或精明地計算福利、待遇……那，就不是「憨」了！

**「做事不貪大，做人不計小。」**

凡事願意用「憨」的心與態度，

憨憨的，從「小」開始做起，

憨憨的，不抱怨、不斤斤計較、用心打好基礎，這樣，才能讓自己走出成功的一片天！

## 學習人際溝通，先將身段放軟

曾有一女讀者私訊問我：「老師，為什麼我跟老公吵架時，我都是不願低頭的那一位？……我常要比誰撐得久，為什麼我會有這種想法？是怕丟臉？還是不服輸？好幾次，我低不下頭、我總是認為我沒有不對，為什麼我要低頭？……如果我低頭了，他就會認為我輸了啊！」

看了這則留言，我心感慨萬千，我回覆她——每次都贏、都不柔軟、不低頭……難道，就「真的贏」了嗎？就「快樂」了嗎？

其實，每次都想贏、態度強硬、都不低頭，不僅讓對方難過、雙方也會不斷衝突……這，也是一種「態度上的不好」，有些事情也可以試著柔軟、低頭、道歉一下啊！

如果，每次吵架時，都要在口舌上「佔上風、贏對方」，其實，這不是贏，而是「輸了」呀。

輸了感情、輸了親情；輸在自己沒有柔軟的風度……

自己只知道做一個——「個性強悍、好面子、不知自己態度不好、口氣不好、不知如何化解危機、不知如何做個以柔克剛的人」；這樣，怎麼會是「贏了」？

其實，在吵架過後，願意先道歉的人，或許不是他們「自認有錯」，而是他們的心中，懂得「珍惜」。

他們珍惜這份「感情」——父子情、母女情、母子情、夫妻情、情侶情、朋友情……

他們珍惜這份「緣分」——不願意「繼續吵、撕破臉」啊。

其實，「人際溝通」是我們一生中，很重要的一門功課；人際互動好、家庭美滿、職場溝通和諧，會讓我們的生活、工作，更加圓滿、快樂。

也因此，我們都在學習「做一個溫暖、有溫度的人」，也「做一個令人懷念的人」。

萬一有衝突、爭吵時，要比，就來比——「看誰，願意先柔軟、先低頭、先道歉、先放下……」

因為，和諧、圓滿，很重要；而且，退步原來是向前啊！

# PART 1

# 心態是工作的成長關鍵

心態決定一切，
也決定一個人看待事物的角度。
掌握工作必備心態，
讓你在挑戰中成長。

# 01 積極行動，勇敢逐夢

我們不能只羨慕別人成功圓夢，而自己只能「作夢」。
我們也不能只幫別人圓夢，自己卻一直在原地踏步。
有一種勇敢，叫立即行動。

## 逐夢第一步：把挫折當激勵

舉世聞名的國際巨星席維斯．史特龍，過去在未成名之前，是一個很窮困潦倒的小子；他想找工作，卻四處碰壁，身上也只剩現金一百美元。而他唯一的財產，是一部老舊的小金龜車；他沒有地方住，每天只能睡在小車子裡。

史特龍的夢想，是想當演員，可是現實生活和環境，壓得他透不過氣來；他窮得連停車位的錢，也捨不得付，所以只好把車子停在二十四小時超市、賣場的停車場，因為，那些車位是不用付錢的。

想當演員、想演電影，是要有機會的。沒有人引見、沒有人賞識，怎麼當演員？於是，史特龍挨家挨戶地拜訪好萊塢的所有電影製作公司，希望有個演出的機會。

史特龍大約拜訪過五百家的電影公司，但沒有一家公司願意錄用他。史特龍面對五百次的冷酷拒絕，當然心情很挫敗，但，他「把挫折當激勵」，也把失敗當做激發向上的動力，再開始第二輪挨家挨戶的自我推薦！結果呢？所有的電影公司，還是沒有人願意錄用他。

現實，是很殘酷的。在通往成功的過程中，不一定有人願意提攜我們，或給我們機會。在那老舊的小金龜車裡、在那夜闌人靜的小空間裡，史特龍是失望的、是沮喪的、是無助的……

**然而，在無助時，更要自助！**

**因為，天助自助者啊！**

## 》只要相信，積極行動，就能改變

史特龍秉持著堅定的信念，也把被拒絕千次以上的經驗，用來惕勵自己——「不能放棄，要愈挫愈勇！」他再一次鼓起勇氣，第三輪地拜訪電影公司。這一次，他不只是爭取自己演出的機會，同時也帶著自己苦心撰寫的劇本，希望能獲得電影公司老闆的青睞。

這麼辛苦、這麼委屈，這麼受嘲諷、受屈辱、被拒絕……到最後，總算有一家電影公司願意採用他的劇本，並讓他擔任電影劇本中的男主角。

這部片子的名稱，叫做《洛基》。

後來《洛基》這部影片上映後，大受影迷歡迎和肯定，得到了奧斯卡金像獎「最佳影片」「最佳導演」「最佳剪輯」等獎，也獲得「最佳男主角」「最佳原創劇本」等提名。

在《洛基》這部片之後，史特龍拍了五部續集；也拍了《第一滴血》四集電影、《浴血任務》……等精彩好戲。

史特龍更在二〇〇九年，獲得威尼斯影展頒發電影人最高榮譽獎；也在二〇一〇年，獲得好萊塢影展頒發「事業成就獎」。

**每個人都要有「信念」——想想，我這一生最想做什麼？因為，「信念造就一生，堅毅成就美夢！」**

一個人，若沒信念、沒目標，如何向前衝刺、如何讓自己圓夢？

「一艘船，若沒有方向，則不管是吹什麼風，都不會是順風！」

在人生中，**「今天的低潮，很可能就是明天高潮的開始。」**

可是，最重要的是——

**「人不能放棄希望，要永遠擁抱夢想和希望。」**

「只要相信，積極行動，就會改變！」

## ⋙ 誰會把不見的乳酪搬回來？

十多年前，有一本暢銷書《誰搬走了我的乳酪》，書中描述，有兩隻小老鼠和兩個人，住在一個存藏豐富乳酪的迷宮裡。

有一天，他們發現，這些乳酪不見了，被人搬走了。怎麼辦呢？兩隻心思單純的小老鼠，肚子餓了，立刻決定，要出去找新的乳酪吃。可是，那兩個人呢？他們則決定等待看看——「或許，會有人把乳酪再搬回來哦！」

過了好一陣子之後，其中的一個人發現，被搬走的乳酪，已經不可能被人搬回來了，於是，他下定決心，也要去尋找新的乳酪吃；可是，另一個人呢？他則是堅持要繼續等待；他仍期待——應該會有人把乳酪搬回去。

結果如何呢？當然，沒有人會把乳酪再搬回來。

這本書的作者史賓賽．強森所要告訴讀者的是：**「如果你不改變、不行動，你將會被淘汰！」**

**「空等待，是沒有用的；成功，是不會自然出現的。」**

就像已經消失不見的乳酪，不會突然被搬回來、再次出現在你眼前。小老鼠肚子餓了，就要立即行動，出去找尋新乳酪，才會有乳酪吃！這就是──「訂定目標、立即行動、努力圓夢」。

只要心中有「渴望」，那麼，渴望會讓我們轉化為積極奮鬥、追求成功的動力。不嘗試、不行動，我們永遠不知道自己能力的極限，也永遠無法品嚐成功甜美的滋味啊！

一個人在職場上，必須「少說多做」，很多人「只會說，不會做」。所以，要多用實際行動去實踐自己的夢想，因為，「空想」沒有用；不抱怨、身體力行、做出成績，才能使自己成為一匹「黑馬」，令人跌破眼鏡、刮目相看。

一生之中，人都有無數次的「輸與贏」，自然不足為奇。但，總的來說，若輸在上半場，卻贏在下半場、贏在最後總錦標，那是讓人多麼欣喜若狂呀！

## 職場關鍵字

**職涯規劃：**夢想不能一蹴可及，但不妨可以將「夢想」安排進你的職涯規劃，透過累積職場經歷，為未來逐夢累積資本；在工作中獲得的成就，也能重新轉化成熱情與動力，讓你能夠一步一步往夢想邁進！

### 心靈充電指南

**夢想，若只有「夢」、只有「想」，就只會是空談。我們必須全力以赴、全神貫注，用百分、千分的力量，將它付諸實現，才能美夢成真呀！**

**「堅持自己的夢想，但，請用生命來交換！」**

**這個世界上有夢想的人很多，但願意真正用行動去「造夢、圓夢」的人卻很少。**

# 02 刻意練習，挖掘潛力

成功是要刻意練習、努力苦練而來的。耐心踏實，才能造就牢靠、穩固的成功。而且，成功多少帶點「逼迫」性質，人只有被情勢、環境所逼時，才能發揮潛力、超越自己，激發自己內在的潛能……

## 追求卓越，是自己能做主的的事情

天下文化曾出版了《我比別人更認真》一書，這本書的核心論點是——一個人的一生，卓越與平庸的關鍵因素，在於自我專業數十年努力不懈的「刻意練習」。

什麼是「刻意練習」呢？想想看，音樂家、雕刻家、舞蹈家、名播音員、籃球神射手、高爾夫名將、知名棒球投手……哪一個想成功的人，不是在自我專業上，專注、持續地「刻意練習」？

《我比別人更認真》的作者傑夫・柯文（Geoff Colvin）認為，「刻意練習」是人生的一項重大投資。為了目標、為了成功、為了超越群倫，就必須拋棄其他的玩樂，抱持強烈的動力，在專業範疇中刻意練習；只要真心想追求卓越，並設計適當的「刻意練習」，一日數小時，每天持之以恆，多年如一日，則一定可以享受到成功的果實。

看了柯文這些概念，真是心有戚戚焉。我自己並沒有什麼大成功，不過，回想年輕時，我天天寫日記、寫自我設計的主題文章、主動要求前輩為我修改文章……沒想到，後來我以寫作來賺錢、謀生。年輕時，我天天唸報紙、錄音，練習播音，主動要求播音前輩指導我，沒想到，後來我以第一名成績考上電視台當記者，現在又以站在台上演講為工作。

卓越之路，並不是只留給少數天才的；卓越之路，是你、我每個人都能走的路——只要你願意「刻意練習」。

其實，我們都可以問自己：「你真正想要做什麼工作？」「你想成為什麼樣的人？」「你想過什麼樣的生活？」「你願意付出多少代價，來達成你的成功？」

成功與卓越，是不會從天上掉下來的；但，你要付出多少代價來換取呢？成功與卓越，是要用生命來交換的！

**「追求卓越，是要腳踏實地的。」**

**「耐心踏實，才能造就牢靠、穩固的成功。」**

## 面對困境，發掘自身潛力

看著奧斯卡金像獎最佳影片——《王者之聲》中的喬治六世，手上拿著演講稿，面對麥克風與群眾，卻因口吃、結巴，緊張得講不出話來，心中不禁為他感到難過、心酸；而他自己，更是自責、羞愧、無地自容……

大部分人講話，都不會像喬治六世一樣，有嚴重口吃、結巴的現象，所以很難想像，一個從小在皇室長大的孩子，因著被哥哥嘲諷、被保母欺負、被父母從左撇子強迫改為使用右手……他，個性變得羞澀、膽怯、不敢面對人群說話，甚至，在重要場合中，竟連一句話……都結巴……說不出口……

然而，在因緣際會中，來自澳洲、自學成家的語言治療師萊恩尼爾・羅格，用愛心、耐心來指導喬治六世說話，最後挽救了英國國王的形象與統治地位。

**「你，就是自己的主人！」**語言治療師萊恩告訴喬治六世：**「你要喜歡自己的聲音，要對自己有信心！」**

當喬治六世面紅耳赤、說不出話時，萊恩不斷地誘導他說話，甚至故意激怒他，讓他口不擇言、飆罵出髒話；其實，萊恩的目的，就是不斷「製造對方大聲說話的機會」，讓喬治六世「有自信、勇敢做自己」。

可是，改變是不容易的，進步是緩慢的。即使經歷無數次的挫折，喬治六世依舊練習、再練習！原本不被看好的他，因著「刻意勤奮練習」，也「把嘲笑當激勵」，突破自我困境，終於完成了一次激勵人心、振奮子民、抵禦外侮的重大演說。

口吃，雖是一大缺陷，但只要有心、用心，終究是可以戰勝障礙。

而我們，害怕上台嗎？害怕演說嗎？害怕公眾講話嗎？只要我們有喬治六世的一半毅力，勇敢開口、勤奮練習、認真突破，總有一天，我們一定也能站在台上談笑風生、侃侃而談，因為——**「自信，生命的舞台就是你的！」**

## 想成功就要勉強自己、逼迫自己

「逼」這個字，想到的就是「逼迫」「強迫」「勉強」。「逼」，就是要去做自己所不喜歡、不想做的事。所以，許多上班族都討厭星期一，因為放假結束卻還不想去上班；但，還是不得不去，因為被生活、金錢所逼。

一個野外登山者，竟然一躍跳過一條他平常經過卻絕對跳不過的深溝，因為，有野獸在後面狠狠緊逼。以前，我也曾經一百公尺跑步創下約十四、十五秒的最佳成績，因為，後面有一隻大狼狗，齜牙咧嘴地猛追我呀！

世界上，所有成功的事，都是「被逼」出來的！人只有在被情勢、環境所逼迫時，才能發揮潛力、超越自己，激發自己內在的潛能。

多少人都曾經立下志願、宏願，但許多夢想卻因沒有狠狠地「勉強」「逼迫」

自己去實踐，最後宣告無疾而終。

## 別因膽怯，而使自己陷入困境

激勵人心的演說家雷斯．布朗（Les Brown），曾經說過一個比喻：「假如在你臨終時，站在你床邊的，是一群你未曾實現、深具潛力的鬼魂，豈不是很令人惋惜嗎？……這些鬼魂，是你的天賦、是你的潛能、是你的才華、是你未曾行動的構想……他們本來都有機會活靈活現起來，但，他們卻站在你的床邊，要跟你一起進入墳墓了……」

人們常常因膽怯、軟弱、懶惰、放棄、不竭盡全力、不積極行動，而陷入了生命的囚牢；但，只有勉強自己、逼迫自己不斷改變、突破、前進，才能讓自己的生命更加光彩、亮麗。

## 職場關鍵字

**刻意練習：**「刻意練習」並不是指每天的例行性工作內容，而是指，為了提昇自己的專業領域表現、為了突破現狀、為了更上一層樓，而不斷請教別人、不斷精益求精、不斷突破改進、不斷自我挑戰……

### 心靈充電指南

**不要小看自己，每個人都有無限可能！**

**做你應該做，而非你能做的事。**

**要對工作抱持高度熱情，創造自我生命價值。**

# 03 基本功紮實，才能知識有價

無論是奠定基本功、知識累積，又或者是職場經歷，都需要時間來打好基礎，無法一蹴可及；唯有一步一腳印，才能有深厚的功力，並將所學所知，轉換成該有的價值！

## 從零開始，累積厚實基本功

德瑞莎修女曾因長期幫助印度窮苦人家，而獲得諾貝爾和平獎；當她在立下幫助「貧窮中最窮的人」的誓願時，主教就問她：「加爾各答就有好幾百萬赤貧的人，請問妳要怎麼做，才能幫助他們呢？」

德瑞莎修女說：「要數到一百萬，也要從一開始數起啊！」

的確，要做任何事，都必須從基礎做起，由小到大、由少變多。

人也是一樣，「基本功」要紮實，做事才能順利、亨通；學習自我專業不能好高騖遠，要用務實的態度，像打大樓地基一樣，既穩固、又堅牢，才不會倒塌。

俗話說：「千里之行，始於足下。」想要走千里路，就必須腳踏實地、勇敢跨出；想要有真實的基本功，就要像德瑞莎修女所說——「要數到一百萬，也要從一開始數起」，不厭煩地記錄、學習他人知識，讓自己的腦袋，裝滿無數聰明人的專業與智慧。

也因此，不務實、奢華過頭、只追求外表虛華，或只追求外在的感官刺激，經常是變調的開始。

《元曲》中有一句話「疾似下坡車」。當然，人生有高潮和低潮，但人生若過度虛華，樓再高也會倒，就像快速的下坡車，可惜啊！

所以，我們都在學習，實實在在的學習，用「認真、務實」的態度，來打造自我基本功。同時，像一句英文「keep calm and carry on!」——「心情保持冷靜，堅定繼續前進」，才能讓我們的一生走得平穩、平順，邁向高峰。

## 別讓學問蒙塵，要懂得轉換知識價值

事實上，「知識」是有價的，絕非無價的！知識是可以賣錢的，是要用金錢來交換的！一個專業的知識份子，在貢獻出自己的技術和智慧時，就應該獲得應有的、合理的酬勞來回報，知識不應是「免費的」。

就像生意人一樣，做生意豈有「沒利潤」的道理？所以，統一集團創辦人高清愿先生曾說：「生意人賺錢最重要，生意人不賺錢，就是社會罪人！」

為什麼呢？高創辦人說：「生意人不賺錢，公司會倒，也可能跳票，工廠就要關門、裁員，就會有社會問題啊！」

說得也是，生意人不賺錢，老闆和員工的問題都很大！而知識份子也一樣，空有學位、學歷又有什麼用？唸一大堆書，卻沒有工作，也不懂把知識轉化為金錢、財富，來利己利人、或幫助更多人，否則知識豈不也是一場空？真的，人就是要利用知識來「脫貧」呀！人不能空有學問，而清苦、貧窮一輩子呀！

曾聽過一則小故事——有一位經驗豐富的專業電腦工程師，被一家公司邀請，去解決一個棘手的難題。他在會議室了解問題所在之後，立即拿出一支粉筆，在黑板上點出根本問題所在；在經過解釋和說明之後，該公司的問題就解決了。

後來，電腦工程師寄了一張「帳單」給公司，上面要求五十萬元的酬勞。為什麼這麼貴？電腦工程師說：「專業知識、知道問題所在，價值五十萬元，可以幫貴公司免去虧損三百萬元，不是很值得嗎？」

## 職場關鍵字

**知識有價：**每一項專業能力，背後有著的不只是單純的知識，更有著他人的努力與心血，如何將自己所學變現，或許也是現代人的職涯課題。近年來討論甚多的「斜槓人生」，不論是外包接案、開設工作坊、規劃線上課程，正是將自己所學的「知識變現」的最佳案例。

### 心靈充電指南

**一個人的「學習力」「知識力」夠不夠，也是贏得漂亮人生的重要因素。**

**想要贏得漂亮人生，就要不斷充電、進步，以「開放的頭腦」「開敞的心胸」，加上「積極的行動力」，開創出人生美好的下半場！**

**「眼界決定境界，思路決定出路。」**

# 04 不讓機會稍縱即逝

機會，總在等待中失去。有人遇挑戰，很興奮，躍躍欲試；有人遇困難，很緊張，畏縮退卻。做事要像匹狼，看得遠、衝得快！看著前方，勇往直前，奮力衝刺。

## 為自己創造機會

我們每天都在說話，可是有些人說的話，給人家感覺很不舒服、很討厭、不喜歡聽；但是也有人說的話，很悅耳、很舒服、大家都很想聽；甚至，有些人說的話，一字千金、萬金，卻還有許多人奉上厚厚的鈔票，拜託他開開金口說一些話！

資深廣播人聶雲，就是這麼樣的人物。報載，過去他曾為惠普科技的廣告配音，只開口講了一句「不斷創新 HP」六個字，廣告商就奉上「十萬元」的酬勞！

天哪！講了六個字，就拿到十萬元，比人家兩、三個月的薪水還多！可是，雖然聶雲的價碼如此昂貴，卻仍有許多廣告主搶著指名要他配音，例如一系列的麥當勞廣告配音，據聞就有百萬元的進帳！

而且，早期瘋迷全台的「樂透彩」電視開獎的節目主持人，當時就是聶雲；台北銀行（今台北富邦銀行）指名要他擔任節目主持的工作，每週二、五晚上，全台數百萬人就守在電視機前面，等他開口，急著想看「到底中獎號碼是幾號」？

但您知道嗎，其實鍾情於廣播的聶雲，十七歲在美國時，就開始想做廣播和配音的工作；可是他沒有知名度、沒有經驗，沒有廣告主願意找他，所以他連沒有錢的配音也自願搶著做——沒有酬勞沒有關係，只要給我機會、給我磨練就好！過了一陣子，聶雲好不容易才有了第一筆廣告配音的收入——美金十五元，約台幣五百元。

儘管有時是「零收入」，很辛苦、也很拮据，但一切付出都會有代價；他搶著要的是——**為自己爭取「親身參與的機會」、以及「自我挑戰的機會」**！所以當時才十七歲的他，曾勇敢地跑進電台毛遂自薦，請求對方讓他主持節目，即使不必付他酬勞也沒關係。

就憑著這麼一股執著與對音樂的狂熱，聶雲的名氣愈來愈響亮，成為廣播界炙手可熱的大明星；在ICRT工作的五年間，更成為音樂總監，而且在外的活動主持費，聽說一場酬勞也有十多萬元。不過，雖然聶雲如此大紅大紫，但他仍十分敬業，光錄一句「不斷創新HP」六個字，就從早上九點進錄音室，直到下午五點才出來，務必把最完美的聲音呈現出來！所以——**「只要積極用心去做，所有的好運都會跟著降臨！」**

## 不要等待機會，要主動找到機會

某一次過完寒假，開學了，一名男大學生對我說：「戴老師，我學你在美國唸書時的一招，很管用耶！」

「哪一招？」我不明就理地問道。

「就是上完課時，要常跟老師請教，並且陪老師走一段路，送他離開……」這男學生很開心地對我說。

「你的心得是什麼？」我故意問他。

「我上學期修了一門日文，那女老師是剛從日本留學回來的，她很認真；而我從你的書上看到，你說你以前在美國唸書時，下課後，常請教老師，並陪老師踏著雪，一起討論，送他回辦公室……所以，我就學習你，下課後特別去請教老師，問她問題，一起走路、討論，一直送她到校門口，坐上計程車離開！」

「那你的日文學期成績怎麼樣？」我問。

「九十五分，全班最高分！」這男生很高興地說。

這真是太好了！沒有想到我書中的文章，竟有人願意用心閱讀，並且加以落實，運用在現實的學習之中。這也讓我回想起年輕、在美國唸書的情景——我的英文不好，說的也不流利，但我總是在下課時，主動請教老師，陪伴老師走在校園，再送他回辦公室；有時也在上課前，主動到老師辦公室請教一、兩個問題，再陪老師走路到教室上課。

**英語，不是我擅長的，但「態度」極為重要。請教，是一種積極的學習，也是對老師的尊敬與尊重。**

「戴老師，我們日文老師在走路時，都會跟我談一些在日本留學時的甘苦談，她講得都好開心噢！」這大學生又對我說：「而且，我們學期末聚餐時，這日文老師特別叫我坐到她的旁邊，還把雞腿夾給我，說她吃不下，叫我幫她吃。我發現，她很明顯對我特別好……」

人，是有感情的動物，主動用心請教老師，老師一定對你印象特別深刻，給你的成績也一定會有「加分效果」；將來若有好的就業機會，他也一定會想到你、推薦你。可是，如果對老師冷漠，或從來不曾主動請教，那老師怎麼認識你、怎麼給你好的印象分數？

主動請教，並不是拍馬屁，而是用積極的態度，用心學習。因為，在開口請教前，你必須在腦海裡將問題組織一下，要問得有條理、有深度、有意義，不要問一些太膚淺、太沒程度的問題，而暴露出自己沒準備、不用心的缺點。

其實，不只是要常請教老師，其他如公司的同事、主管，或是老闆，我們都可以用**「謙卑的心、請教的心」，來「製造別人指導我們的機會」**。

每個老師和主管，都會喜歡勇敢開口、勇敢請教的人。

而且，「今天請教別人，明天就能勝過別人」「真心請教，只有獲得，不會失去」，何樂而不為呢？

現代人可以分成兩種，一種是**「積極型」**的——主動進取、勇敢開口、愈挫愈勇；另一種是**「消極型」**的——「不想改變、原地踏步」「沒有目標、溫飽就好。」

其實，不開口、消極面對，那麼，**「機會，總在等待、消極中失去。」**

## 職場關鍵字

**擺脫自我設限：**面對一件事情之前，你是不是總是會先想著「不可能、做不到」？在還沒嘗試以前，卻為自己設下重重障礙、說服自己放棄，這樣往往會讓大好機會從「眼前消失」啊！

### 心靈充電指南

**「積極一點，機會總是留給有心的人。」**

**「一首曲子，必須唱出來，才會變成一首歌！你想做什麼、有什麼夢想，就大膽去做，不要猶豫，現在就開始吧！」**

**人只要準備好了，抓住機會，就一定會成功。**

# 05 堅持是成功的第一步

斧頭雖小，終能伐倒堅硬橡木。
勤勉，能補手腳之不足；堅忍毅力，則可動搖山嶽。

## 執著與堅持，是前進的動力

舉世聞名的旅日棒球「全壘打王」王貞治，在遇到打擊失常、比賽失利時，內心也常會有挫敗感；然而，他不是一直咒罵對方投手太爛，或一直懊惱不已，而是繼續拿起球棒，在屋子裡以「金雞獨立」的姿勢，不斷地模擬揮棒。聽說，王貞治練習到把榻榻米「踩裂」，而雙腳陷入榻榻米之中。

以前，俄羅斯有一個世界知名的鋼琴家兼作曲家，名叫魯賓斯坦；雖然他很有名氣，但卻有個壞習慣，就是喜歡賴床，每天總是不願意早起。

據說，為了改變魯賓斯坦的壞習慣，他的太太絞盡腦汁，但仍很難使他早點起床。後來，魯賓斯坦的太太終於想到一個方法——

正當魯賓斯坦賴床時，他太太就坐到鋼琴邊，大聲地彈起樂曲來；但是，曲子只彈了一半，就不再彈下去了。此時，魯賓斯坦在半睡半醒時，聽到樂曲只彈一半，心裡覺得很不舒服，便立刻下床、跑到鋼琴那兒，繼續把「後半段」的樂曲彈奏完。

這時候，魯賓斯坦太太就趕快把她先生的棉被拿走，不讓他繼續睡覺。

有些人對某一件事有興趣，甚至著迷，所以會不眠不休地為它付出，使它達到盡善盡美的地步。這種「用心執著、無怨無悔」的態度，的確是令人感動，也是自我成長與社會進步的動力。

劇作家王爾德曾在牛津參加一次考試，題目是把一篇希臘文的「古代愛情故事」，翻譯成為英文。

王爾德的希臘文程度不錯，很快地，就譯寫了兩頁；考試人員看他翻譯得極為流暢、正確，就說：「夠了、夠了、可以了！」

可是，王爾德仍然不停地繼續往下翻譯。最後，考試人員只好強迫他停筆，不要再寫了。

可是王爾德央求說：「不要叫我停下來，我很想知道故事的結局是什麼？」

王爾德如此專心、投入的精神，真是所謂的欲罷不能！但，一般人經常缺乏這種一股腦投入、傻呼呼的學習態度。

當大發明家愛迪生在實驗室研製白熾電燈泡時，他嘗試了一千二百次各種不同的原料，但是卻都失敗了。有人諷刺、譏笑他，只為了一件小事，竟然就要浪費時間，「失敗」一千二百次。

可是，愛迪生說：「我不知道你為什麼要把它看成失敗呢？我已經知道一千二百種『做不出電燈泡的方法』啊！」

心理學家指出，每個人在處理事情時，都會流露出不同的性格。例如：「**內控型**」（internal control）的人認為，未來的命運操之在我，所以生活態度非常積極，努力不懈；遇有挫折，仍不願低頭認輸，因為——**「天下事在乎於人為，絕不可因一時之波瀾，遂自毀其壯志。」**

但是，「**外控型**」（external control）的人就比較消極、比較宿命論，認為一個人的命運是老天所注定，再努力也沒有什麼用，反正「該你的就是你的，強求也沒用」「是福不是禍、是禍躲不過」。

而魯賓斯坦、王爾德、愛迪生等人，即屬於「內控型」的人，他們的執著、全心投入，即使再多次的失敗也不算什麼。

## 專心致志，才能掌握成功

曾經聽人家說過，一生中如果只是「傻呼呼」地專心做一件事、一項職業，一定會成功！是的，專心一致、全心投入的人，雖然表面上看來有點「傻」，似乎不是那麼多采多姿、八面玲瓏，但卻是成功的保證。

可是「投機取巧的聰明人」一定會成功嗎？不一定！反而是傻里傻氣、專一投注於自己理想、不斷努力耕耘的「傻瓜」，才更有成功的希望呢！

## 反覆練習，勤勉能補天分不足

一位二流的男高音歌手，在義大利米蘭的一家歌劇院裡唱歌，當他在獨唱完拿手的抒情歌曲「歸來吧，蘇連多」之後，便聽見有人坐在觀眾席上，大聲地喊道：「再來一次！」

這男歌手聽了，驚喜萬分，馬上再唱了一遍。

唱畢後，依然有人再喊叫：「再唱一次！」

男歌手看到有人如此欣賞他，滿懷欣喜，又把他的拿手歌曲再唱了兩遍。

後來，樓上後座那邊，傳來了吼叫聲：「唱呀，再繼續唱，一直唱下去，唱到你不再出錯為止！」

人必須一次、兩次、五次、十次、百次……不斷地練習、再練習，專心一致地練習，直到不再出錯為止，否則怎能出人頭地、頂天立地？

古人說：**「勤勉能補手腳之不足，堅忍毅力則可動搖山嶽。」**唯有努力不懈、鍥而不捨、專心投入的人，才能獲得成功的喜悅和冠冕。

莎士比亞說：**「斧頭雖小，但多次砍劈，終能將一棵最堅硬的橡樹伐倒。」**

是的，困難險阻愈大，克服之後的光榮也愈大。

老練的舵手，需航行過狂風暴雨，才能獲得榮耀與喝采！

## 職場關鍵字

**如何「堅持」：**想要達成目標，堅持向來是最重要的心態。但是成功路漫漫，要如何堅持，卻也成為一道課題；在實踐夢想、邁向成功的路上，不妨為自己「設定階段性目標」，不僅讓該做的事情更具體、可量化，也能在前行的過程中更有「成就感」。

### 心靈充電指南

**「成功不是靠一時的激情，而是靠一輩子的堅持！」**

**「世界上沒有做不到的事，只有不去做的人；沒有不能馬上開始的事，只有缺少立刻去做的決心。」**

**力量來自渴望，成功來自堅持。**

# 06 批評與讚美——語言是雙面刃

不要光批評，而不讚美，嘴巴別太吝嗇，多肯定別人的好。天下沒有飛不起來的氣球，如果有，只因它沒有「被打氣」；天下沒有教不會的大笨人，如果有，只因他從未「被讚美、被鼓勵」。

## 當我開口說話：掌握批評與讚美的分寸

曾聽過一位音樂演奏家說：「每當演奏會完畢，觀眾總會給予熱烈的掌聲，甚至安可聲不斷！謝幕後，有些親朋好友會到後場來探望，這時，我最怕有人告訴我，你今天哪些地方彈奏得不好、有瑕疵；即使，他是非常真心、善意地指正我……但是說真的，在那種場合，我聽了一定很難過、很不舒服，心裡也會自責好幾天！」

是的，每個人的自我都是「脆弱的」，常常很難聽進別人的「批評、指正」。也因此，在批評別人時，就必須特別小心，也得注意到時機、場合、口氣，或對方的反應，甚至，自己的批評心態是否正確，絕不能為「批評而批評」。

因此，我告訴自己——批評別人前，一定要先想清楚，「批評的內容」是否正確？會不會脫口而出造成說錯話？而且，也要想想：對方是不是也有其他優點，值得先稱讚他一下？不要只會批評別人的缺點啊！

**於是，「不要光批評，而不讚美」，就變成我惕勵自己的一項原則。**

因為，咱們在糾正別人錯誤、或提出評論時，最常犯的禁忌，就是過於赤裸裸、單刀直入地加以批評，使別人聽了下不了台。

我們要在公開場合當眾稱讚別人的優點，但得選擇私下場合規勸別人的缺點。同時，在私下規勸、批評時，還得小心，必須先找出對方的長處「誇讚他、美言幾句」，再提出要規勸他的缺點，這樣，被規勸的人，心裡才會比較舒服，至少我還是有優點的啊！這就是所謂「**先褒後貶**」的道理。

其實，人不是都不能接受批評，只是批評必須有技巧、有建設性。

有一公司職員就說，過年時，他接到上司寫給他的賀年卡，上面除了一些應景、祝賀的話之外，也寫著：「你的表現很不錯，我對你有很大的信心和期望。如果你能在×××方面，更加注意、用心，就真的是錦上添花了！」

這職員說，因受到上司的關懷、期待與鼓勵，心裡非常高興，也愈幹愈起勁！

因此，「鼓勵」勝過責罵，也勝過批評；我們的嘴巴絕不能太吝嗇，而必須記得——在說出別人「壞的」之前，一定要先說出「好的」。

真的，「誇讚與鼓勵」具有正面、肯定的效果，它促使我們樂意去嘗試、去努力，就像是氣球經過打氣之後，就充實飽滿地迎風高飛；人的潛力也是一樣，經過打氣之後，就能被激發出來。所以——

**天下沒有飛不起來的氣球，如果有，只因它沒有「被打氣」。**

**天下沒有教不會的大笨人，如果有，只因他從未「被讚美、被鼓勵」。**

## 當我聽別人說話：轉念看待批評

有一天，名將拿破崙到郊外去打獵，忽然聽見遠處有人大喊「救命」——拿破崙循聲音走去，看見一個年輕人掉落河水中，正在掙扎求救。

此時，拿破崙毫不猶豫地掏出槍來，大聲斥喝道：「喂，混小子，你趕快給我爬上來！再不爬上來，我就一槍打死你！」

那年輕人嚇得趕緊使出全部力氣、不斷地掙扎奮游，終於爬上岸來。上岸後，落水的年輕人很氣憤地問拿破崙：「剛才你為什麼要開槍打死我？」

拿破崙從容、微笑地回答：「如果我剛才不拿槍嚇唬、恐嚇你，你怎麼能夠使出全力、奮力游上岸來啊？」

三國時代，曾有個「郡守」得了一種不知名的病，也一直為怪病所苦；後來郡守找到名醫華陀，請求為他治病。

華陀診斷過後，知道郡守的病是因內心鬱卒、憂煩而引起的，所以認為郡守只要大發一場脾氣，就可以痊癒。於是，華陀就故意加倍收醫療費，也不開藥方給郡守吃，而且又偷偷溜走，甚至在溜走時又留下一封信，臭罵郡守是「貪官污吏、狐群狗黨、不知廉恥」。

郡守一看，忿怒到極點，拍桌大罵，痛斥華陀是個庸醫，沒有醫德、不知好歹……郡守罵得滿臉怒氣、面紅耳赤，誓言要把華陀抓來剁成肉醬。郡守痛罵一陣後，即吐出大量「黑血」，病情也逐漸好轉了。

後來，知情的兒子才將「華陀故意激怒病患、逼他吐血」的真相告訴郡守，郡守對華佗「以罵代藥」的高明醫術，大加讚嘆，也感激不盡！

的確，「有壓力，才有助力。」也正因為有人責罵、反對、批評、鄙視，才會使自己更進步、更奮力向前。否則就像落水的年輕人，可能淹沒於水中；也像得重病的郡守，可能因無藥可救而病死。

所以，我們可以換個角度來想——「謝謝你罵過我」「謝謝你反對過我」「謝謝你批評過我」「謝謝你鄙視過我」……正因為他們的非議與責難，才使我們有「自我反省、虛心檢討」的機會；甚至是他們的扯後腿，才能使我們的腿勁更加強健、更健步如飛。

有人說：「會罵人的主管，才是好主管！」的確，一個主管若不愛管事，不願糾正部屬小錯，一旦部屬犯了大錯，主管也擋不了時，自己只好捲鋪蓋走路了。

因此，**「受人批評、挨人責罵、遭人鄙視」，何妨將它視為累積人生的經驗和資產，而虛心地面對它、接受它，甚至是感謝它，因為這或許是危機之後的「轉機」與「契機」啊！**

## 職場關鍵字

**如何應對「批評」：**除了轉念思考以外，聽到批評的當下，先別急著回應，免得夾雜憤怒或委屈的話語，讓場面變得更糟。先消化情緒後，回歸到問題本身，並判斷批評的內容，是否有價值或有誤解的部分，了解前因後果，並在適當的時間回覆，才能建立有效的溝通。

### 心靈充電指南

**揚善於公堂，規過於私堂。**

**在批評別人之前，一定要先肯定、先讚美。**

**人在被無情批評時，常會「反挫攻擊」。**

# 07 別讓情緒脫口而出

別讓口中的舌頭，被情緒掌握，造成脫口而出的話，常具極大「殺傷力」。要學習轉念——讓暴怒的情緒「換跑道」。

## 事緩則圓，勿讓事情變成「沒有轉圜的空間」

古時候，安徽和州有一戶養鵝人家，養了數百隻鵝；一天，其中的一些鵝群跑了出去，偷吃鄰家的稻穀而被鄰居發現，這鄰居在盛怒之時，就把五十多隻的鵝活活捶死。

養鵝的婦人看到辛苦飼養的鵝隻，竟然被鄰居活活打死，也是氣得火冒三丈！但當她靜心一想，若到縣府衙門去控告鄰居，所花的時間和金錢，恐怕會比損失的五十隻鵝還來得高，不划算！

此時，養鵝婦人也想，是不是趕快搖醒酒後大醉、正在酣睡的丈夫，叫他起來處理五十隻鵝被活活捶死的事？不過，這婦人又擔心，萬一丈夫醒來，酒意正濃、火氣一爆，說不定也會做出更糊塗的事來！於是，這婦人只好「暫忍委屈」，讓自己靜一下，等明天天亮再說。

隔天一大早，那捶死鵝群的鄰居突然暴斃而死，酒醉的丈夫清醒過來之後，婦人才將此事告訴丈夫；此時，丈夫對婦人說：「幸虧昨晚我酩酊大醉時，妳沒有告訴我這件事，否則那時我醉意未消，說不定會衝動地把他打死呢！」

人在盛怒的時候，常常覺得非常氣憤，情緒也變得十分衝動，以致於無法控制自己的舌頭，也很難控制自己的行為。我們可以和養鵝的婦人一般，忍耐一下，先睡一覺，冷卻心情，等明天再說；否則一衝動、怒氣沖天，叫醒酒後的丈夫，則可能釀成大錯！

## 讓怒氣，在柔軟筆尖中磨逝

人家說，夫妻個性互補最好，可是呂太太是急驚風，先生卻是慢郎中。呂太太的個性一向喜歡劍及履及，但先生卻是沒關係、慢慢來，似乎是天塌下來都不在乎。尤其是帶著兩歲的頑皮兒子，呂太太有時心裡真是煩透了。

特別是呂太太的嗓門天生就很大聲，當她心情不好、和先生大聲吵架時，常把兒子嚇得躲在牆角哇哇大哭，也讓呂太太看得於心不忍。

這天，呂太太的心情極度惡劣，但她靜心一想：「大人吵架，何必去嚇到無辜的兒子？而且讓鄰居聽到，也實在很丟臉！」所以她就決定讓自己學習息怒，不大聲吵了，而把生氣、忿怒的情緒寫下來。

呂太太找到了一些紙和原子筆，坐在書桌前，以古代孤臣孽子寫「萬言書」的悲壯心情，將自己的委屈和不滿，全罵寫在紙上，再拿給先生看！

可是，寫著寫著，咦？怎麼今天寫的字這麼潦草？這麼醜？於是，呂太太將紙揉掉，再重寫一次。

呂太太繼續挖空心思，將可以想到用來形容先生的負面詞句，都儘量寫上去——「你真的是很固執、不可理喻、漫不經心、自以為是、笨蛋、白癡、豬八戒、神經病、不懂顧家的爛東西……」

寫啊寫，呂太太發現，她寫的詞句，唸起來好像不太通順？所以，呂太太又把紙撕掉，再重寫另外一張。

後來，呂太太一邊寫，一邊笑了起來，好像老公也沒有那麼爛、那麼一無是處啊！不然，當初怎麼會處心積慮地想嫁給他？呂太太還是拿著原子筆寫著，但慢慢地，卻變成無意識地亂寫、宣洩情緒；同時，她也覺得有些羞愧，幹嘛罵自己老公罵得那麼難聽、惡毒，也常讓小孩受到驚嚇……

「怎麼？妳在幹嘛？在寫作文啊？要不要我幫妳改？」呂先生看到太太許久沒有動靜，就過來問太太。

「我……我在練字啊！」呂太太看見先生突然進來，急忙用手壓著桌上的紙。

「練字？妳怎麼變這麼有上進心啊？練得都忘記煮飯了！」呂先生說。

呂太太一聽，不好意思地微笑回應。

「這樣好了，今天不要煮飯了，我們出去吃飯，順便去買些字帖和毛筆回來。練字就要用毛筆，不能用原子筆，而且要有好的字帖才行！」

「好啊！」呂太太抿著嘴笑著。

現在，呂太太是社區書法才藝班的高材生，她很努力地學書法，也學得一手好字。當她心情不愉快、生悶氣，就改變以前「大聲吵架、鬥嘴」的作風，而要求自己靜下心、坐下來，拿起毛筆練字，讓自己的怒氣，在柔軟的筆尖中——慢慢磨逝。

有一次，呂太太在書法才藝班中，與學員們分享心得：「發洩情緒的最佳方法，就是寫毛筆字，你可以把你忿怒、不滿或痛恨的心情，用毛筆慢慢寫下來！練久了，寫得漂亮了，還可以去菜市場『賣春聯』呢！」

## 忿怒時所說的嚴厲話語，可能會誤事，或釀成更大的災禍

人常在遇見不高興的事時，火氣上升、嚥不下一口氣，而需要口出惡言、怒罵一下，才能取得心理平衡，但我們衝動脫口而出的話，經常都具有極大的殺傷力；如果我們不加思索地脫口批判、指責，可能會讓事情「沒有轉圜的空間」。

同時，在忿怒、衝動時所下的倉促決定，常可能是思考欠周，也可能讓人後悔。

**羅曼．羅蘭說：「嚴厲的話，像燒紅的鐵，深深地打下烙印！」**

而莎士比亞也曾經說過：「你的舌頭就像一匹快馬，牠奔得太快，會把力氣都奔完了。」

所以，讓我們學習「勿過度情緒化、事緩則圓」，也想想——「我應該怎麼做才對？」而不是「我想要怎麼做？」

## 職場關鍵字

**情緒管理：**人在生氣時，必須嘗試讓自己靜下心、轉換心情，讓暴怒的情緒「換跑道」，並藉著散步、寫字、聽音樂、看電視、看書、洗澡、喝水……等動作，來沉澱自己即將爆發的脾氣。

### 心靈充電指南

**勿急著說、搶著說，而是要「想著說」。**

**事緩則圓，勿讓事情變成「沒有轉圜的空間」。**

**人一旦成為「悲傷的俘虜、情緒的侏儒」，就會使自己陷在災難的谷底。**

# 08 別忘點滴之恩，要記得提攜你的人

「不怕欠人情，只怕忘恩情」；敞開心胸受幫助，不忘感恩並圖報。人的一生，大約與一萬五千人相遇，假如某次的相遇，結果是令人極為滿意的話，則那位與我們相遇的人，很可能是改變我們一生的關鍵人物。

## 愈有禮貌，愈是美麗

在大學教書時，我總會儘量地安排學生在寒暑假到合適的單位實習。一次，有個女生告訴我，希望能有機會到電視台實習，以後想當記者；我知道這女生能力不錯，就介紹她到有線電視新聞部實習。

兩年後，無意間在某個場合巧遇這女生，她興奮地對我說：「老師，我已經升

為正式記者了耶！」

「真的？太好了，恭喜妳！」我說。

「老師，您知道嗎，我才實習了半年，他們就馬上升我當記者了，怎麼樣？不錯吧！」那女生又高興、又得意地說。

當時，我為她高興，但也有點感傷。為什麼？

因為，她一年半前就升為正式記者，但怎麼連一通電話都不告訴我一聲，直到無意間遇見才說？不錯，是妳的能力好、表現不錯，才會被調升為正式記者；但是，畢竟也是老師的引薦，才讓妳有機會進入電視台實習，「知會老師、謝謝老師」也是最基本的禮貌啊！

俗話說：「**人不怕欠，只怕忘。**」

是的，接受別人幫助不是什麼壞事，也不要怕欠別人人情，但最重要的是，必須記得「知恩圖報」。圖報，不一定是金錢的、物質的，就像文中的女生，只要主動打個電話告訴老師近況，讓老師一起分享進步、成長的喜悅，都會讓老師覺得——這女生真努力、真懂事、真有禮貌。

咱們豈不聽過——**「愈有禮貌、愈是美麗」**嗎？

## 吃人一斤，也得還人四兩

以前小時候，住在鄉下，大家都是用台語交談；印象很深刻的是，長輩常用台語告誡我們說：「吃人一斤，也得還人四兩。」

這話說得真好！接受別人幫助、栽培，就像是「吃人一斤」，雖然無能力立刻全部償還，但至少他日也得「還人四兩」啊！

其實，這俚語的重點並不是在「一斤和四兩」的表面數字上，而是提醒年輕朋友們——別忘了感恩圖報！在接受幫助、心存感激之餘，別忘了在有能力之時，當盡棉薄之力回饋對方。

當然，我們不能期待別人一定要感恩圖報，也不必為了別人不知感恩而難過；因為，我們實在無法改變別人的做人處事態度啊！不過，我們可以隨時提醒自己——

**「不怕欠人情，只怕忘恩情。」**

**「敞開心胸受幫助，不忘感恩並圖報。」**

## 珍惜緣分，或許下一個人就是你的重要轉捩點

一個人一生當中，會和多少人相遇呢？很難說。要選總統的人，每天到處拉票，可能與數十萬、數百萬人相遇或握過手；但我們市井小民，與他人相遇、相識的機會就較少了。

有位外國作家在書上提到，平均每個人，一生大約與一萬五千人相遇；而假如某次的相遇，結果是令人極為滿意的話，則那位與我們相遇的人，很可能是改變我們一生的「關鍵人物」。

的確，或許某次成功、愉快的相遇與邂逅，使我們認識了某人，而他，就可能成為改變我們一生的恩人，也是我們人生的轉捩點啊！

例如，棒球生涯中擊出八百六十八支全壘打的世界「全壘打王」——王貞治，他在自傳中提到，由於巨人隊的荒川一丁先生的賞識與指引，使他放棄了原先想當電機機師的夢想，而改行當棒球選手，也改變了他的一生。

或許，我們可以想想，我們一生中的「恩人、伯樂與貴人」有多少？我們目前是否和他維持連絡呢？我們有多久沒向他致意、感謝了呢？

我們的生命中，會有許多挫折，因此，在逆境中，我們常求助於人；但是，在順境中，我們是否忘了感恩、致謝呢？

當然，別人幫助我們、或我們幫助別人，都不一定要求回報，也不是一定要討人情；但是，如果我們對別人的恩情「視而不見、麻木不仁」，則會顯示出我們的不懂事，也是咱們人際溝通中的缺憾啊！

## 職場關鍵字

**職場禮貌：**「有禮」可以說是一種競爭力，也形塑了你對外的個人品牌。有些人或許是「不習慣與人互動、不擅長察言觀色」，但這些都可以慢慢練習。例如，進到公司時，主動與主管、同事打招呼；互動時不忘說：「請、謝謝、對不起」；觀察職場前輩的待人接物等，透過觀察與實踐，從細節做起，才能累積別人對你的好印象！

### 心靈充電指南

**常感謝在生命中，曾幫助過我們的貴人。**

**儘可能地幫助別人、成為別人生命中的貴人。**

**在接受幫助、心存感激之餘，別忘了在有能力之時，當盡棉薄之力回饋對方。**

# 09 累積人脈，打造自己的口碑

「金盃銀盃，不如客戶的口碑！」
「視之為友，他就會是朋友；視之為敵，他必會是敵人！」
所以，做好人際關係，提早一秒把好話說出，就能增加「人脈存摺」，使我們的事業邁向亨通！

## 良好的第一印象，會讓人傾心駐足

一天，我和內人帶著小兒、小女一起逛百貨公司，想買一套西裝；一進了男士服飾的樓層，一眼望去，琳瑯滿目，盡是各家西服公司的專櫃，也不知道該向哪一家買？我們只好一家家閒逛、隨便看看。

走了大約五家店，突然看見一位女店員向著小兒、小女笑嘻嘻地走來，並彎下了腰，摸著孩子的臉說道：「哎喲，你們兩個小朋友好可愛哦！哥哥這麼帥，眼睛又大又有雙眼皮；妹妹皮膚這麼白、這麼漂亮，而且還穿同一顏色的兄妹裝，真的好可愛哦……」

這時，女店員又轉過頭對著內人說：「妳這個媽媽真會養哦，怎麼兩個小孩都長得這麼漂亮、可愛，真的好棒哦！」哇，這女店員嘴巴真甜，而且滿臉笑嘻嘻的，所說的話，讓人聽了既高興、又陶醉！所以，下一步往哪裡走？當然就往那女店員的專櫃裡走啦！

就這樣，當我們一踏進專櫃，就一發不可收拾，因這女店員一直稱讚內人：「妳兒子、女兒都這麼可愛又乖巧，妳這個媽媽一定很會教育小孩哦……」您知道嗎？那天我太太竟然對我說：「難得出來買西裝，尺寸也滿合身的，我看，乾脆買三套吧！」

天哪，一次買三套西裝？有沒有搞錯？可是老婆大人這麼說，我就恭敬不如從命了！

## 把每一次服務，都當成最重要的機會

澳洲有一位「年度風雲經理人」凱瑟琳．迪佛利，寫了一本暢銷書《Good Service is Good Business》，中文譯名《黃金服務十五秒》，內容強調——員工和顧客每次接觸的時間至少超過十五秒，但只要好好把握住這「關鍵的十五秒」，也就是「黃金的十五秒」，就能留住顧客、達成交易！

這樣的論點，真是深獲我心。真的，一個店員，只要面帶微笑、嘴巴甜、肯衷心稱讚顧客，一定可以拉攏顧客的心；就像那西服店的女店員，一直稱讚小兒、小女，做父母的，哪有不心花怒放的道理？

而且，從社會心理學的角度來說，只要能抓住「關鍵的十五秒」，以笑臉稱讚對方，讓「客戶的腳」願意踏入店裡一步，就已經成功了一大半，這也就是所謂「**腳在門檻內的效應**」！所以，「關鍵的黃金十五秒」，可以決定顧客的腳是在「門檻外」或是「門檻內」，也就決定了交易的成與敗。

從另一觀點來看，曾有一家大電器公司的主管說：「門市經營的成功與否，就是要讓顧客在走進店裡三秒之內，決定是否想繼續逛下去？」

哇，他講的是「三秒鐘」耶！門市如果雜亂無序、工作人員不理不睬、沒笑臉，真的，顧客三秒鐘就不想再待下去，就會走掉了！

所以，**「人的成功，並不是打敗別人，而是超越自己！」**

公司和門市的經營也是一樣，必須不斷地創新，在服務態度、語言表達，或產品設計、陳列擺設……都必須把握「黃金十五秒」的原則、或是「一眼三秒吸引人」的法則，來抓住顧客的心、創造顧客的忠誠度！

有人說：「安逸，是組織最佳的安眠藥！」

的確，一個人若過於安逸，就不再進步，就會懈怠停滯！一家公司若過於安逸，不再創新、不再有熱誠的服務，也就會被淘汰。

**不管是「黃金十五秒」或是「關鍵三秒」，其實，強調的是——「客人只給我們一次的機會！」**

如果服務不好、顧客揚長而去，我們就沒有第二次機會！

但，只要服務好、態度佳，也具有創意、新鮮度，則顧客就可能是我們的「最佳宣傳員」囉！

相信你一定有這種買東西的經驗——一走進店面，店員各忙各的，沒人抬頭理你；或店員只顧相互聊天說笑，也不會打個招呼或微笑。

其實，**「金盃銀盃，不如客戶的口碑；金獎銀獎，不如客戶的誇獎！」**只要有親切、熱誠的服務，就一定能獲得客戶的肯定和讚賞，也一定會成為最棒的業務員。

## 行銷自己，也是職場必修課題

我們在一生中，不就是要成為一位優秀的業務員嗎？——做出成績，表現出最棒的績效，讓老闆客戶都能稱讚我們！也因此，「行銷自我形象」就成為一項很重要的功課！

有人說：「**提早一秒把好話說出，就能贏得人緣！**」

的確，在人的互動當中，每個人都想被人肯定，也都想聽好話；所以，一位業務員、公務員、店員，乃至於我們每個人，若都能學習——「提早一秒說出好話和鼓勵的話」，就一定可以受人歡迎、贏得人緣，也一定可以讓業績突飛猛進。

事實上，別人沒有認識我們、親近我們、喜歡我們的義務，但是，我們卻有「自我行銷」的權利！

一個人光有聰明才智，卻高傲、孤僻、難相處，怎能受人歡迎？一個人光有專業知識，卻不懂親和、微笑、說好話，則怎能吸引顧客上門？

有人說：「**視之為友，他就會是朋友；視之為敵，他必然會是敵人！**」

如果，我們能把客戶當成親友般地看待，就會做成生意；相反地，若繃著臉、沒好臉色，也不知說些甜蜜的漂亮話，則顧客一定會揚長而去。

所以，做好人際關係，常使我們的事業如虎添翼！多多增加「人脈存摺」，就等於有許多貴人對我們提攜、相助，也必定使我們的事業邁向亨通！

## 職場關鍵字

**人脈存摺：**回到「人脈」的基礎，其實就是與人相處。千萬不要只用利益衡量，而是要用真心與人結交，建立一段良好關係，才能讓打造堅固的人際網絡，否則只是徒增長長的聯絡人名單而已喔！

### 心靈充電指南

**別人沒有認識我們的義務，但，我們有自我行銷的權利。**

**「世事洞明皆學問，人情練達即文章。」**

**留心自己給別人的「第一印象」，先付出「愛心、關懷、示好」，廣結善緣，為自己「申請成功」——一個讓自己享用不盡的「成功人脈網路」。**

# 10

# 面對挫折與風險，要敢於承擔

面對挫折，要自我檢視，勇於承擔；面對風險，也不要輕易退縮。一個人若只是「不做不錯、不敢承擔風險、沒有創新突破的行動力、無風無浪地只做些小事」，只會讓人失去熱情與動力。人的才華，必須勇敢展現，才能被看見。

## 挫折，是老天賜給的最好禮物

曾有一個自認英語很棒的年輕人，大學英語系畢業後，就寫了很多英文履歷到多家企業去應徵工作；他相信，以他優秀的英文能力，一定可以獲得公司的肯定和青睞。

可是，過一段時日後，他的求職信石沉大海，沒有獲得正面回應；有些公司回覆說：「我們不需要英文人才。」甚至，有一家公司的主管寫信給他說：「謝謝你的來信，但我們公司並不缺人。不過，即使我們公司有需要，也不會錄取你；因為，從你的求職信中看出，你雖然自認為英文很好，但實際上，你的英文寫得並不好，而且，文法上也有許多的錯誤……」

這年輕人看了這封信，十分生氣，打算回一封措詞憤怒的信，把對方氣死！但是，當他靜下心來想一想時，轉個念頭——「對方說的，或許是對的；自己雖然唸了英文系，但也可能在文法上、用字遣詞上犯了一些錯誤，而自己卻一直不知道……」

於是，他寫了一封信給這家公司的主管：「謝謝您告訴我，我的英文不夠好，也糾正我文法上有多處錯誤，雖然我無緣進入貴公司，但從今天開始，我會在英文上加倍努力！」

幾天之後，這年輕人又收到了這家公司的信函，通知他，可以去上班了。

勇敢檢視自己，也承認自己的錯誤，往往會有意想不到的結果——

**「挫折，是老天賜給的最好禮物。」**

**「壓力，是激發向上的能量。」**

若能將每一次的挫折與錯誤，當作一種人生修煉的功課，並轉化成為自我成長的動力，那麼，挫折與錯誤，就會是通往成功的最佳踏腳石。

## 要頂住壓力，才能享受壓力

宏碁集團創辦人施振榮先生說：「挫折是必然的，沒有挫折，就不是人生。一個人失敗多了，表示眼界也看得多了，也是一種成長。」

而飯店專業經理人嚴長壽先生也說：「我不祈求一帆風順，只祈求每個問題發生時，有繼續面對問題的勇氣與毅力。」

是的，人生都有挫折、有跌倒、有悲傷、有大困難；但，我們總是要「與壓力共舞」——要試著把壓力看成一種挑戰，而不是威脅；要頂住壓力，才能享受壓力。

我們只要積極進取、努力向上，也讓我們的心境學習轉念，因為，「改變心境，才能脫離困境。」

而且，「心寬，忘地窄；心寬，路更寬呀！」

## 在不斷嘗試與錯誤中，力求進步

曾聽過一則故事——有一位吳先生到美國兩年，獲得碩士學位，也順利進入一家美國公司工作。這家公司業績不錯，吳先生也很珍惜這個工作機會，盡力把每件事做好。

一年過去了，吳先生小心翼翼地完成上級主管交代的每項任務，沒發生任何錯誤。在年終時，老闆依例召見，吳先生也是其中的一位。

「Mr. 吳，你這一年來的工作表現不錯……」老闆看了桌上的資料，也抬頭對小吳說：「不過，最近經濟環境不盡理想，人事緊縮……我想，這是不得已的措施，你一定可以諒解……依照公司規定，你可以拿到三個月的遣散費，相信你一定能很快地找到更好的工作。」

「啊?……您是說，我被裁員了?」小吳不敢相信自己的耳朵，怎麼可能?我的表現不錯，不是嗎?他氣得激動起來，「你們是不是歧視華人?」

「噢，不，Mr. 吳，去年公司錄用了你，就表示我們絕對不會歧視華人。的確，過去一年，你工作認真，也沒有犯過什麼錯；但，也因為這樣，公司才會做這個決定……」老闆緩緩地說道：「你知道，我們公司正在大力拓展業務，極需要一些能獨當一面的人才。公司對於你背景、學識都算滿意，但是，唯獨對你的做事風格和方式，不太能接受……」

「啊?什麼做事方式不對……」小吳一頭霧水。

「人，不是神，都會犯錯。世界上不犯錯的，只有兩種人——一是，不做不錯，只知道依別人的指示走；這種人，或許不會犯錯，但也沒有開創性，不會在嘗試和錯誤中，力求進步。二是，不是沒犯錯，而是犯了錯，隱藏得很好，甚至強說那不是錯。而這兩種『不犯錯的人』，都不是我們公司所需要的……」

## 別只想留下退路，要勇往直前

美國知名電影演員丹佐・華盛頓，應邀在長春藤名校賓州大學的畢業典禮上，發表演說；他告訴現場所有畢業生說：「人生中，沒有什麼事，會比你勇敢去承擔風險更具有價值。因為，前南非總統曼德拉說：『**只會承擔小事，會讓人失去熱情……**』」

丹佐・華盛頓又說：「當你想勇敢去做一件事時，很多人會提醒你，在下決定時，要深思熟慮，也要留下退路。但是，我從不贊同任何事情都要有留下退路的觀念……我不希望有退路，我只想勇往直前！」

是的，「一個人，只會承擔小事，會讓人失去熱情。」

人，就是要打斷退路、破釜沉舟、勇於承擔，也有膽量去面對失敗。

每個人都要學習——「承擔風險、勇於突破。」

人，不怕犯錯、失敗，只怕沒有自省的能力、沒有承擔重責的能力。從錯誤中改正，人才能成長、茁壯，也才不會畏懼面對人生的挑戰。

## 職場關鍵字

**承擔風險：**風險聽起來很有壓力，但其實在職場上的每一個選擇，其背後都會有大大小小的風險；例如選擇一份新工作、轉換職場跑道、接受工作調動等等，這些選擇對職涯至關重要。在審慎思考、評估判斷後，別讓恐懼成為你的絆腳石，有時候大膽嘗試，才能有不同的成績啊！

### 心靈充電指南

**我們都要努力栽培自己、造就自己、推銷自己，也使自己——「戰勝挫折，讓成功的夢想永不停航！」**

**挫折，是必然的；沒有挫折，就不是人生。一個人失敗多了，表示眼界也看得多了，這，也是一種成長。**

**在失敗低潮中，找到生命重新轉動的力量！**

# *NOTE*

# PART 2
# 學習與觀念是職涯的指南針

學習是一生的課題。
掌握能力，裝備自己，
不論是職場新手還是老手，
面對職涯都能突破自己、不迷茫。

# 11 成功的飢渴性

要有強烈的成功飢渴性，失敗，沒關係，因為人生總有低潮；但，我們要在失敗低潮中，找到生命重新轉動的力量。

## 成功的力量來自渴望

Google前全球副總裁李開復曾公開徵求二種人才：「一種是至少寫過十萬行的程式碼、每週工作八十小時的天才工程師；另一種是有足夠判斷力、渴求成功的創業家。」

李開復先生說，一個成功的創業者，一定要有極度想要打造成功事業的「飢渴性」，因為，「這種人的眼睛是有光芒的」。不過，李開復認為，台灣的年輕人能力相當好，創業有理性、有邏輯，但「缺少成功的飢渴性」。

事實上，一般人都普遍「缺少成功的飢渴性」，因為大部分的人，都會習慣住在「舒適圈」裡；舒適圈住久了，就不再有衝動與衝勁，再去挑戰自己，除非遇到了挫折與橫逆，才會被迫想去「改變」。

當然，並不是每個人都要成為一個創業家，不過，想成功的人，卻不能沒有「成功的飢渴性」。

李開復先生又說，他喜歡「已經失敗過一次的創業者」，因為他們已經得到寶貴的經驗，也學習到謙卑和面對挑戰的勇氣。

的確，失敗過，沒有關係，因為人生總有低潮，我們總要學習——「在失敗低潮中，找到生命重新轉動的力量！」

## 成功路上，缺少不了的「認真心態」

認真可以改變一生，在通往成功的過程中，有時是孤單，是窮苦，是寂寥，但，只要不抱怨，堅定信念，也是充滿希望。

朋友的兒子小鼎，在高中以「生物」為傲，因他從小喜歡生物，考試時，生物成績總是全校最高分，所以同學都笑稱他「生物怪咖」。

在大學甄試中，小鼎高分被錄取，開心地進入了台灣南部的一所國立大學的「生命科學系」。他，終於可以好好發揮他最喜愛的生物專長了。

可是，開學後一個多月，朋友南下去探望兒子，兒子卻愁眉苦臉，悶悶不樂；一問之下，兒子才難過、低聲地說：「媽，上星期生物第一次考試，我考了……零分！」

「啊？生物不是你最強、最棒的一科嗎？怎麼會考零分？」朋友一臉不可置信地問道。

「我們老師上課，都用英語講，我根本就聽不懂！考試也用英語出題，我根本不知道怎麼回答……」小鼎低著頭，吞吞吐吐地說。

有些大學為了讓學生更具國際競爭力，要求教授上課逐漸改用英語授課，學生也要看英文書。

「媽，你知道嗎，我們班上有個馬來西亞來的僑生，他的國語（華語）腔講得怪怪的，我都聽不太懂，不過他的生物考了一百分！」小鼎憤憤不平，有點不服氣地說道。

當然，馬來西亞是多元種族的國家，英語是必懂的語言。接著，小鼎又說：「媽，那位馬來西亞僑生很厲害，很多成績都好棒！當我們的報告被教授打不及格、被退回來時，教授的手卻把那僑生的報告拿得高高的，對大家說——『這，就是我所要的報告！』」

聽起來，小鼎真的自尊心大受打擊，但說著說著，他卻轉而用敬佩的口吻說：「媽，那個僑生好節省哦，他都很晚才到餐廳吃飯。」

「為什麼？」

「因為自助餐廳七點半去，大家都快吃完了，那時候去，點的菜，阿姨都會算特別便宜。我們一餐吃大約八、九十元，他都只有吃五、六十元……他都吃白飯，點最便宜的剩菜，再加很多不用錢的肉湯汁……」

小鼎又說：「而且，那位僑生都主動參加校內外很多演講比賽，他說他沒什麼錢，他必須靠演講比賽得名次、拿獎金，才有錢在台灣唸書……」

聽了這真實故事，我很感動。人，就是要——**「不要怕窮，要窮中立志；不要怕苦，要苦中進取。」**在通往成功的過程中，有時是孤單、是窮苦、是寂寥；但也是充滿希望、毫不抱怨，只有堅定信念、努力實踐。

**「辛」與「幸」，就只有差一橫而已。**

**而且，「辛苦過後，必有幸福來臨啊！」**

## 想要成功，先做好你應該做的事

在中俄邊境上，有個小城叫「綏芬河」，陸續出現了許多民辦的俄語學校，學生人數也快速倍增。為什麼？因為，曾有一個名叫孫永強的年輕人，他原住黑龍江省泰嶺村，初中畢業後，沒考上高中，就到綏芬河「學俄語」；而後，他到符拉迪沃斯托克去當翻譯，在二〇〇二年就給貧困的家裡，帶回了一萬多人民幣的高薪。從此以後，泰嶺村考不上高中的孩子，幾乎都到綏芬河去學俄語。

如今，中國大陸當局也提高民辦俄語學校素質，導入旅遊管理、經貿法律等課程，讓年輕人有「俄語能力」的一技之長。

其實，有些人學語文學得很棒，當然有其語言天份，但，套句先前所提——「要有挑戰成功的飢渴性。」外國語文學好，收入就能大大增加；但若無「挑戰成功的飢渴性」，則只能隨便過日。

有人說，**成功的心法就是——「Do what you should do not what you can do.」（做你應該做，而非你能做的事。）**

在本文中提到的馬來西亞僑生，家中貧窮，他來台灣唸書，餐餐都必須省吃儉用，更要堅定信念，努力用功，靠獎學金、比賽獎金，才能繼續唸書。

所以，**「心態，決定成敗。」**

**「毅力，會讓挫折變成禮物。」**

這個世界充滿機會，只要相信自己、看好自己、堅持積極行動，就沒有什麼不可能。

因為，「認真，可以改變一生啊！」

## 職場關鍵字

**成功心態：**對於「成功」，你的想法是什麼？有些人或許會覺得工作就是日復一日，做著重複的事情，成功是一件很有距離的事情。但是，「心態，決定成敗。」其實一個人能做的事情有很多，不妨思考看看「還能做些什麼」，嘗試接觸不同領域，畢竟成功可不能只靠等待啊！

### 心靈充電指南

**要把「吃苦」當做「吃補」；要用「吃苦」代替「訴苦」！**

**一小時的實踐，勝過一整天的空想。**

**積極一點，機會總是留給有心的人。**

12

# 即使工作，也要學習

掌握資訊、自我提升，汲取新知，做個勇敢造夢的人。一個人懂得時時掌握資訊，也不斷強化自我學習，才能從別人的成功事例中，學到超越與進步！

## 頭皮下的智慧與專業，勝過頭頂上的外在髮型

「愛美之心，人皆有之。」對於美的追求，是人的天性，只不過「美」並不是人生的唯一追求，更重要的是外表下的內涵與智慧。

這也讓我想起了台灣潤泰集團總裁尹衍樑；據估計，尹總裁的財產約有一千億台幣（也有人估兩千億），但他在接受媒體採訪時透露，他將捐出95%的財產，成立公益基金會，也計畫設立比諾貝爾獎更多金額的「東方諾貝爾獎——唐獎」。

除此之外，最令人津津樂道的大概是尹衍樑後來將頭髮剃光，頂著一個大光頭。他接受採訪時說，他幾年前就想把頭髮剃光，但沒有一個理髮師敢在他的頭上動刀；後來，他強迫兩名理髮師先幫他剪成平頭，他再把頭髮全部理光。

**尹衍樑總裁說：「頭頂上的東西不重要，頭皮下的東西才重要！」**

的確，一個人的髮型，有些人或許很在意，但，更要在意的是「頭皮下的東西」，也就是一個人的智慧。**腦袋裡有創意、有智慧、有理想、有行動，才是最重要的啊！**

人生是一場又一場的戰鬥，要不斷戰勝自己、超越自我；如果一個人一直在乎自己的外表和頭髮，卻不懂得充實自己的內在、不懂花時間充實頭皮下的腦袋，怎能「自勝者強」？

也因此，我深信——**「頭皮下的智慧與專業，勝過頭頂上的外在髮型。」**

## 讓心沉澱，充電學習

您知道嗎，現代的上班族是很辛苦的，因為在老闆的壓力下，普遍都存在著「三多、三少」，也就是——「開會多、公文多、應酬多」，而且「運動少、睡眠少、思考更少」！

不過，儘管再怎麼忙碌，人有時都必須讓自己的心沉澱下來，再充電、再學習，因為，「終身學習」是我們所不能忽略的，同時也要學習做到——

Learning to know：學習科技、消費、理財……等新知。

Learning to do：學習把事情做得更快、更好、更有效率。

Learning to together：學習與人更融洽的相處，做好人際溝通。

Learning to be：學習成就自己，也成就他人，創造生命的最高價值。

## 汲取新知，別讓自己成為井底之蛙

前一陣子，媒體刊登一則新聞，提到公務人員高考的一級考試，有一名公職獸醫師類科考生，已具有博士學位，也在論文審查和筆試時都拿到最高分，幾乎篤定上榜；但，結果，竟然出乎眾人意外的名落孫山！

為什麼呢？因為在口試的時候，這位考生竟然連「禽流感」最基本的常識都不懂，讓三位口試委員通通給了他不及格的分數。

禽流感對於一名獸醫來說，應該是非常基本的常識；一個考獸醫師類的博士，竟然連基本概念都沒有，也難怪三位口試委員一致給出了不及格的分數，以致最後落榜。

這似乎是現在一些年輕人的通病——除了課堂、課本上教過的之外，對於周遭社會、國際上發生的事情，漠不關心；有什麼新聞都不在意，甚至不知曉，只是埋首於自己的小小世界，或是沉浸在網路的虛擬世界裡。

這就像是住在井裡的青蛙，每天接觸到的，就只有周圍的井壁和井水，牠所看見的天空，也只有井口上頭那小小的一圈天空，牠從不知道外面的世界有多大，一直以為牠所看到的，就是全世界。

我們可不要讓自己成了「井底之蛙」，成了一個見識短淺之人；要將眼光放遠、放寬，亦吸收更多的資訊、新知，才能提升自己。

## 提升自我，從生活好習慣開始

多年來，我最開心的是，我一直從不間斷地持續自己的「收集資料」；上述的一些小故事和新聞事例，也都是從我的剪報檔案中整理出來的。

你知道嗎——**「好習慣，都是從不習慣開始的。」**

收集資訊、不斷閱讀、整理剪報、聆聽演講、參與研討、報名比賽……都是讓自己獲得新知、提升自我的好習慣。一個人，懂得掌握資訊、強化自我學習，才能從別人的成功事例中，不斷地成長、進步。

前台積電董事長張忠謀也十分重視「知識」的累積。他說，能夠將網路上快速獲得的「**資料**」（data），轉化為「**資訊**」（information），再進一步形成「**知識**」

（knowledge），才是人類最主要的出路。

所以，我們都可以善用零碎的時間，多加閱讀，也讓自己隨時吸收新資訊，這樣的學習好幸福、好開心呀！不是嗎？只要我們有心，每天閱讀一、二個小時，吸收新知，則我們一定更加「腦袋充實」「氣宇非凡」！

## 職場關鍵字

**終身學習：**面對科技發達的社會，知識進展極大，如今工作的定義也不斷改寫，不少職務都面臨需要重新定義的情況，例如近年來流行的「ChatGPT」便引起極大的討論；想要保留競爭力、想要成功，便要從容不迫、忍住寂寞；在等待過程中，要多思考、多閱讀、汲取新知。要善用零碎時間，大量閱讀，讓腦中充滿更多知識與智慧。

### 心靈充電指南

**自己的專長、實力和技術，才是永遠的保障！**

**生命不要求我們成為最好的，只要求我們盡最大的努力！**

**一個人的學習態度——只要「有心、有願，就有力」；對於自己的未來夢想——「敢想、敢要、敢得到」。**

# 13 不逃避困難，要勇於挑戰

認真奉獻，追尋成就，做個克服困難、值得託付重任的人。
付出，不一定馬上有收穫；但不付出，一定沒有收穫。

## 做一個「懂得克服困難、值得託付重任」的人

有一天，我和一位在某家物流公司當主管的朋友一起吃飯，無意間談到應徵新人的問題。

「最近應徵人都很頭痛、傷腦筋；人難找也就算了，找來的人問題還一大堆！」這主管皺起眉頭，一臉頭痛的模樣。

「怎麼樣？你的經驗是什麼？……人怎麼難找？」我想知道，他的經驗和我有無不同？

「唉喲，你不知道，每天投履歷的人很多，人力銀行也寄來很多相關資料，可是，履歷表都很制式化，沒有什麼特殊；而且，從面試開始，就一個個都是問題，讓你覺得好想昏倒。」

「怎麼說呢？」

「很多人一來開口就問，薪水多少、工作時數、員工福利、放假制度、獎金制度……我耐心地告訴他，可是他們聽完以後，嫌東嫌西，說什麼薪水太低、福利太少、放假制度不完備……你知道嗎，他們完全不關心工作內容是什麼？也不太知道自己會什麼？只是一心想著：公司能給他們什麼？」

聽到這個朋友的經驗，跟我應徵新人的經驗竟是如此相仿；我繼續聽他訴苦：「還有一些人，一聽到要搬東西，就說，喔，我身體不太好，心臟有問題，手也扭傷過，醫生說我不能搬太重的東西……還有更可笑的呢，說什麼工作的地方一定要有冷氣，因為他怕熱，一定要吹冷氣，不然他受不了……另外，也有一個說他媽媽要求他不能太晚回家，所以他不能加班……」

我這個朋友繼續說道：「好啦，後來好不容易找到一個年輕人，工作一個星期之後，他媽媽找上門來，劈頭就對我罵說——你們這什麼公司，竟然讓我兒子每天都工作得這麼累，累到他每天都爬不起來，你們真是太過分了！」

現在，很多人工作的準則，就是要輕鬆，不要太勞累、不要加班，福利要好、放假要多；可是，一個人都還沒有付出，公司憑什麼要給你很多福利、獎金？在什麼都還沒給予之前，怎麼能期待別人給什麼？

一個人要努力學習、認真奉獻付出，才能被別人看見你的用心，老闆也才會感受到——你是一個不怕辛苦、懂得克服困難、值得提拔、值得託付重任的人。

假如，只要工作稍微多一點、累一點，就推託逃避、藉口推辭，或只要不是自己工作範圍之內的事，就連多做一些都不願意，那麼，主管和老闆一定會看在眼裡，而且保證——若有升遷和福利，一定輪不到你。

## 不計較待遇、積極投入，才會被看見

有句話說：「**做了，不一定有；但不做，一定沒有。**」

這句話，也可以換成是：「**付出，不一定馬上有收穫；但不付出，一定沒有收穫。**」

我們在學習、成長的過程之中，「努力付出，別只求回報」是一定要有的精神；如果，心裡想的只是錢與福利，那麼，別人看到我們的態度就只有「金錢」，卻沒有學習的「渴望」和「熱情」。

相反地，如果對於一些工作，你願意不計較待遇、積極投入，那麼，主管一定會看到你的熱情和積極態度，也一定會願意提攜你、提拔你。

**所以，「態度，決定一個人的高度。」**

有謙虛、有渴望，積極投入，才有大收入！

## 積極奉獻、勇於改變，創造生命價值

鮑勃・霍伯（Bob Hope）是二十世紀美國最偉大的諧星之一，他渾身充滿歡樂的細胞，也在成名之後，不辭辛勞地到處勞軍演出，鼓舞了許多軍心士氣。

他自己曾說：「我知道歡笑的力量，它可以讓幾乎無法忍受的絕望，變成可以忍受，甚至帶來希望……」

而強尼・凱許（Jonny Cash）也是二十世紀最具影響力的美國音樂家之一，他的唱片賣出了五千多萬張，也賺了很多錢；可是，小時候，凱許家境十分清寒、經濟拮据，但他在貧困中激發了音樂靈感，創作出許多為貧困民眾而寫的歌；他也常到監獄表演，用歌聲安慰許多監牢中的囚犯。

另外，史提夫・賈伯斯（Steve Jobs），是蘋果公司最具創新力的執行長，他領導的電腦公司，改變了全世界民眾的生活習慣；許多人左手拿 iphone，右手拿 ipad，耳朵聽 ipod……同時，很多科技大廠都是蘋果公司零件供應鏈的合作夥伴；不少科技大老闆說：「如果沒有賈伯斯，我們都會沒有了工作。」

就那麼巧，史提夫・賈伯斯貴姓Jobs——他提供了無數科技人員工作；鮑勃・霍伯貴姓Hope——他用幽默、詼諧和風趣，帶給人們歡樂與希望；強尼・凱許貴姓Cash——意謂著，只要肯用心努力、認真付出、積極奉獻，就會遠離貧困，創造出自己生命的價值。

年輕人對於工作，若只求輕鬆、福利，只顧休假、享樂；到頭來，就會變成「No Jobs, No Hope, No Cash」——「沒工作、沒希望、沒金錢。」這是多麼心酸、難過和遺憾啊！

**一個人，若沒有奉獻精神，沒有工作熱情、沒有成功的渴望和激情，就不可能有成就。**

**只做些例行性小事、貪圖享受輕鬆，會讓人對生命失去熱情啊！**

所以，要找到你的最愛、找到一條讓你喜歡的道路、一個你喜歡的工作，也用你一生最大的熱情，去發揮它、追尋它，我們就會有「Good Jobs, Big Hope, Big Cash」啊！

## 職場關鍵字

**安靜離職（quiet quitting）**：近年來，因新冠肺炎疫情影響，導致社會及工作型態產生很大的變化，甚至開始產生「奮鬥文化」的反動。安靜離職並不是真的離職，而是不再進一步追求工作上的成就，而是只做符合工作要求的內容，不再把工作視為生活的重心。

但是研究指出，雖然安靜離職能減低工作壓力，但長時間下來，卻會損害心理健康——工作沒有成就感、參與感，也沒有目標，甚至會讓人更憂鬱。所以，如何調整工作壓力與找到自己在職場的定位，或許是未來職場的新課題。

### 心靈充電指南

**若說我做不到啦——則永遠不會成功；若說我再試試看——則往往能創造奇蹟！**

**不論發生何事，別灰心、別絕望，解決的方法有好多種呢！**

**當工作與自己的喜好結合在一起時，工作不再是工作，而是享受！**

# 14 勇敢改變，跨出舒適圈

勇於嘗試、樂於改變，不要聽天由命，要扭轉命運。你的目標，不能只是想想而已，要付諸行動，要忍受改變的痛苦，才能破蛹而出，蛻變成美麗的蝴蝶，展翅高飛。

## 改變自己、投資自己、成就自己

三十多年前，中視當家主播黃晴雯小姐，為了提升自我，毅然放下她人人稱羨的電視新聞主播工作，赴美國進修；然而，當她回國之後，原本的主播位置已經被人取代。

她如此用心地投資自己，但結果，卻似乎不如預期；畢竟世間的事，有些是無法盡如人意的呀！

當時，她沒機會回到自己最喜歡的電視新聞主播台，但，她後來轉至年代新聞當經理；在一段時日之後，因緣際會，獲得大企業家徐旭東先生的賞識，聘任她到 SOGO 百貨公司當董事長，多年下來，她的成績非常亮眼，公司的獲利也大大超過預期。

從一個新聞記者，到一家大百貨公司的董事長，這改變不可謂不大。或許你我認真投資自己，不見得會立竿見影、馬上就會收到成效，或立刻賺大錢；但，人生機運就是很奇妙，而且，「塞翁失馬，焉知非福」？不過，當機會到來時，你我也必須已經準備好自己，才能好好抓住機會啊！

**也因此，人必須勇於嘗試、樂於改變——突破原有的「舒適圈」，才能擴大你的「舒適圈」。**

當然，要「突破」很辛苦，但人不能只看眼前，要放眼五年後、十年後；也要想想——自己要變成一個「什麼樣的人」？而在成為「什麼樣的人」之前，我們要開始做哪些準備呢？

每個人的命運，都不是天注定的，而是應該掌握在自己的手上！因為，「只要勇於改變，就更有機會啊！」

光是抱怨、唉聲歎氣、大聲哭鬧，並不能解決事情；要仔細思索、找出方向、勇敢嘗試，才能走出一條屬於自己的康莊大道。

## 夢想達成了，還可以設定下一個夢想

二十多年前，在台灣只有三家無線電視台的年代，想當上一名電視記者是非常困難的。我本來是只有三專的學歷，連報考的資格都沒有，但，我勇敢地考了八次托福，到美國唸了廣播電視碩士，回到台灣，才以第一名的成績，如願地考上華視新聞部記者。不過，後來我只做了兩年，就又決定離職，到美國進修博士學位。

有許多朋友問我：「晨志呀，在電視台當記者，很風光，也很不容易，人家連進都進不來，你為什麼進來了卻要放棄？」

我的回答是：「我的個性不適合一直當電視記者，我覺得人生還可以再往前跨一步。我想改變、再突破，再投資自己去唸個博士。」

**投資自己，那是一輩子跟著你的無盡資產。**

目標不是到了就到了，還可以有下一個目標，有下一站。人生就像搭火車，這一站到了，你還有下一站，你可以繼續到下一站玩，而不是就此到底了。

夢想，達成了，你還可以設定下個夢想、下個目標，不是嗎？

其實，許多年輕人心裡明明知道自己應該再進修、再上進、再突破，但是面對眼前有份還算穩定的工作、還算過得去的薪水，也有一些玩在一起的死黨、朋友，所以，一想到要「改變」，要面對未知的未來，心中自然有了遲疑跟抗拒。

可是，一個人不能害怕割捨眼前的小成就，要鼓起勇氣，勇往直前；也要鼓勵自己，勇敢跨出改變自己的那一步。

## 要盡全力，去完成自己的使命

每個人都應該積極進取，努力向上，認真地活出精彩的自己。

日文有一句話叫做「一生懸命」——意即「要盡全力，去完成自己的使命」。

有些人擁有聰明才智，卻只會好吃懶做、貪圖享受、好逸惡勞，不懂得用自己的勤奮、積極與用心，去發揮自己的才華；他們選擇輕鬆、偷懶、逃避、放棄，只住在一個「舒適圈」之中，以至一事無成，這，豈不是很可惜嗎？

也因此，每個人都要學習「勇於嘗試、樂於改變」「不看破，要突破」。

同時，也要有「衝動」去改變、去進步，去做讓自己更進步的事。

「衝動」，並不是去做壞事，而是有企圖心、有積極的信念，去行動、去創造、去改變自己的命運。

**「改變，就是要敢變。」不敢變，怎麼改變自己呢？**

其實，「有實力，最神氣。」每個人在年輕時，都必須努力透過突破、改變，去學習更多的智慧，來累積自我的專業技能與功夫。我們也唯有「壯大自己」，才能讓人看得起！

## 職場關鍵字

**跳出舒適圈：**「跳出舒適圈」一直以來都是經常被提起的話題，光看字面總是會有種壓力，但是結合原有能力，學習不同領域事務，也逐漸拓展自我實力、逐步跨出舒適圈，不失為一種好辦法。

### 心靈充電指南

**一個夢想，就是一種力量！**

**只要勇於改變、突破，就一定會有好機會！別自我設限，你未來的路無限寬廣。**

**不能害怕割捨眼前的小成就，要鼓勵自己，勇敢「突破舒適圈」！**

# 15 發揮創意，創造價值

不怕沒生意，只怕沒創意！「要秀，就要秀點特別的！」創意，是上帝賜給我們最好的禮物，我們都必須用「創新的思考」，來面對「多變的大環境」。

## 在創意中找到商機

買下一座漂亮的高爾夫球場，需要多少錢？一定非常昂貴對不對？美國緬因州有個老翁，擁有一座環境極佳的十八洞高爾夫球場，面積廣達一百畝，希望公開求售。這座球場的市價估計約兩百萬美元（約新台幣六千三百萬元），但這老翁卻只喊價「兩百美元」（約新台幣六千三百元）。

怎麼可能一座高爾夫球場這麼便宜？老翁是不是頭腦不清楚了？

不，老翁正在做一個「穩賺不賠」的生意！因為，欲購球場的人，除了必須繳交「兩百美元」的競標手續金之外，還要參加兩、三百字的「徵文比賽」，說明為何想擁有球場、有何創意、熱誠與方法來經營球場？只要獲得「徵文第一名」，整座高爾夫球場就是送給你的獎品！

不過，老翁還有個但書——如果競標徵文不到一萬篇，他就要取消兩百美元的售價，而按一般方式公開拍賣，從兩百萬美元起價。您知道嗎？老翁的如意算盤就在這裡——「兩百美元」乘上「一萬篇」，不就是「兩百萬美元」嗎？萬一上網應徵文章來了兩萬篇，老翁豈不是有「四百萬美元」的進帳？這真是「有創意、穩賺不賠」的賺錢方式啊！

現今經濟不景氣，但，卻是我們「激發創意」的時候！只要「肯動腦、有創意」，許多人依然大賺其錢啊！

例如，曾經在台北、台中都舉辦過的「兵馬俑特展」，當時腦筋動得快的商人，立刻推出外型和兵馬俑一模一樣、唯妙唯肖的「兵馬俑巧克力」，引起媒體的青睞與報導，所以巧克力的銷路甚佳！

我們有許多舊思維，把自己框架住了，以致平淡地一天過一天，一直陷入無法突破的窠臼之中！然而，我們都必須適度修正自己的腦袋——

**「動動腦、比創意」；因為，只有「用創意努力打造今天的人，才能仰望美好的明天呀！」**

## 創意構想、具體實踐，你就是「夢想家」

世界公民文化協會曾舉辦第一屆「世界公民島」十大青年旅行家網路票選活動，每位參賽者必須提出計畫到別的國家旅行，但也必須有創新的構想，並提出具體的作法；得獎者，可獲得十五萬元新台幣的獎金，一圓自己的夢想。

這項比賽，當時獲得第一名的是中原大學室內設計系二年級的李芮庭，她計畫到土耳其及西班牙，做「文化融入商品的研究」。

李芮庭從小開始，就常和父母在不同國家自助旅行、增廣見聞。家住桃園的李同學發現，台灣原住民區域的建築或商品，都沒有充分融入當地的文化元素，所以她希望到土耳其和西班牙觀摩、取經，回來後幫助復興鄉泰雅族的原住民，開發出更有特色的商品，也協助當地的國中彩繪校園建築。

## 進步來自創新，成功來自實踐

事實上，人之所以可貴，在於「有創意、會創新」；而生命的意義、社會的進步，也在於不斷地「創造與創新」。

宏碁集團創辦人施振榮先生，曾在企業遇到瓶頸與危機時，懇切地告訴員工：**「宏碁的幹部都應該『換腦袋』！我們大家都要換腦袋，也就是要『改變觀念』；我如果不修正觀念、不換腦袋的話，也可能就會被趕下來！」**

在日本東京旅遊時，曾參觀了豐田（Toyota）汽車廠；在汽車展示間內，放置著許多大大小小的車子，包括昔日的古董車，以及最新、最現代的車子。同時，只要預約交一些錢，就可以坐上無人駕駛的小轎車，而在大廠房內外繞一圈。

當然，比起日本豐田的汽車大廠，我們台灣的裕隆或中華汽車的規模就小多了。可是，為了汽車市場上的競爭，中華汽車早期曾經砸下大筆資金，進行ERP（企業資源規劃管理系統）的投資。透過e化系統，讓顧客想買車，只要在家透過滑鼠上網，就可以指定車子是否配備天窗、座椅材質、顏色、方向盤材質……等，讓顧客擁有一台量身打造的汽車。

如今已走過五十年光陰的中華汽車，近年來仍積極求新求變，結合科技，推動老廠房升級為智慧工廠，打造自動化生產及智能工廠平台，也讓獲利再創新高。您覺得，這樣的投資划不划算？當然划算！因為，企業若不進行創新、改革，就會被淘汰！但，肯花心力投資、轉型，它卻能起死回生，也能再次創造契機！

真的，**未來的企業需要「創造」，而非「製造」**。創造，需要智慧、創意和技能；如果，只要依樣畫葫蘆的「製造」，誰都會，就沒有什麼值得誇耀的了。

## 職場關鍵字

**創意、創新、創造：**「不創新，就等死」（Innovate or die），這句是管理學之父彼得・杜拉克的名言。「創意」是利用想像力、觀察等方式，發展出嶄新的想法，而「創新」是結合創意實際應用、改善舊有產品或制度，也能讓自己保有競爭力，最後則是將這些想法實踐地「創造」，這也顯示了為何「創意、創新及創造」如此重要。

### 心靈充電指南

**創新與團隊合作，是競爭力的重要關鍵。**

**一個人的想法與做法，總是要突破、創新，所以，一個人做事，必須「Think big, think different!」**

**人的思維要有宏觀、有創意，才不會墨守成規、一成不變！**

## 16 高標準，打造高品質

要自我要求，才能有好品質的表現，我們要做的是「對別人不要太計較，要對自己好好計較！」而且，我們不能「比爛的、比差的」，而是要「比更強、更好的」，才能不斷進步啊！

### 無論職場還是生活，都要展現「光可鑑人」的高品質

有時買東西很麻煩，因為買到不喜歡、又不合用的東西時，大部分人是「貨既出門，概不退還」；店家說「不能退」就不能退，消費者只能自認倒楣。

我曾看到一則報導，倒是令我眼睛一亮！就是——嘉義中正大學圖書館曾向「震旦行」購買一大批書架，來放置大量的圖書；而在購買合約上，震旦行保證六級地震來時，這些書架很牢固，不會倒塌。

可是，不幸地，當這些震旦行大型書架、書櫃放置於中正大學圖書館沒幾個月後，即遇上了「九二一大地震」，有些書架、書櫃應聲倒地，同時，連帶地產生「骨牌效應」，以致幾乎全部書架都倒了。怎麼辦？碰上了百年的七級大地震，這些產品合不合格？可不可以退貨？震旦總公司知道此事後，二話不說，幾百萬元的產品，所有書架、書櫃「全部換新的」！

又有一次，一位馬祖的客戶買了一套震旦行的沙發，可是沙發用船運到馬祖之後，客戶又覺得「顏色不喜歡」，想退貨，就叫送貨員來拿回去；總經理知道此事後，很乾脆地對客戶說：「你就丟掉吧，不然那套沙發就送給你好了！」因為，若真的不喜歡，硬要退貨，加上船運費，怎麼算都划不來。

當然，這並不是說震旦行財大氣粗，而是說：「震旦行的售後服務，做得教人沒話說！」難怪該公司總經理曾自豪地說：「這就是我們的服務！」而他們公司在外的口碑、風評和業績，也都不斷地急速上升。

其實，我不知道震旦行的其他服務是不是也都那麼好，只是，我體會到——一件工作，很多人都會做，但有些人做得很好、很漂亮，但有些人做得普普通通、交差了事！就像洗馬桶、洗碗盤，有人洗完後還是髒髒、油油的，但有人洗完後，卻「閃閃發亮、光可鑑人」！

真的，人都必須提高內在的**「高貴性」**（Nobility），用「高標準」來自我期許、自我要求，不能隨隨便便、得過且過；而且，就算為客戶服務，也都要做到「高標準」！因為，工作要做，就要做得「高品質、高格調」、做得「漂漂亮亮、光可鑑人」，讓人稱讚得沒話說呀！

所以，南僑化工雖是以做水晶肥皂起家，曾面臨傳統產業的經營危機，但是他們不斷動腦筋，產品不斷翻新，改走食品業，推出「可口奶滋」「歐斯麥餅乾」等產品，而風靡一時、生意興隆。而時任南僑董事長的陳飛龍說：「我的經營哲學就是——永遠想辦法做第一！」

**所以，人要「有骨氣、有傲氣」，要做就要做最好的——做出最佳品質、做出光可鑑人的驕傲成績！**

## 一成不變，才會一事無成

記得曾經看過一部電影，片名和劇情我都忘了，只記得其中的一句對話：**「只有小人物，才會一成不變地過日子！」**這句對話，簡單易懂、發人省思，也一直在劇中重複出現。

籃球大帝麥可．喬丹說：**「我能接受失敗，但無法接受什麼都不做！」**

是的，一個人若不改變、不突破，什麼都不做，生命就會像一個「過期、逐漸發霉的蛋糕」，沒有人敢去吃它。

一個人，如果只把自己的「心願和夢想」深藏在心裡，卻不去「實踐」，那就會原地踏步、一事無成。

在劉伯溫的寓言集《郁離子》中，有一則寓言說道——

有一個人名叫若石，他住在山中鄉間過活，可是，他的住家附近出現了一隻老虎，經常虎視眈眈地窺伺他的莊園，想伺機侵犯。也因此，若石時常帶著壯丁，日夜警戒守護，絕不讓老虎得逞。

後來，老虎得病死了，若石大為歡喜，因為心中大患已經去除，從此就可以高枕無憂，不用再恐懼老虎入侵；所以，莊園的圍牆籬笆壞了，他也不修理，因為不會再有老虎的威脅了呀！

過了一段時日，有一隻貙追逐麋來到了若石的莊園！您知道嗎，貙是一種能像人一樣站立的大熊，牠聽見莊園內有牛羊的聲音，就大大方方地步入莊園，而後將牛羊大快朵頤一番。若石看見，嚇得大聲斥喝，也用大石塊投擲大熊，想把牠趕走，可是，大熊太大了，若石反而被大熊一爪擊斃！

有時，我們原以為日子可以高枕無憂、能輕輕鬆鬆地度過一生，可是，社會變化太快了，誰知老闆倒了、公司垮了、一下子被資遣了、或失業了，搞得自己原以為的幸福不見了，而成為無業遊民……

別以為我們自己不會是「若石」呀！如果，我們不戰戰兢兢地維修圍牆、籬笆，也不派人不停地巡邏四周，我們很難高枕無憂呀！

說真的，我自己經常有「危機意識」，因為我自己沒有工作，唯一的工作就是「寫作、演講」；可是，自己的寫作生命會有多長呢？沒有人知道！因為，年輕一輩的作家不斷出現，藝人、政治人物、企業家的書，還有，減肥瘦身的書、賺錢致富的書，也一本本地上市……而且，網路興起，書店也一家家關門，以寫作為業的人該如何應變呢？

**因此，「覺醒，才不會滅絕，才不會被淘汰！」**

英特爾執行長貝瑞特，曾對青年學子建言說：「教育，是最好的自我投資，每個人都要儘量獲得最好的教育，然後選擇一個你最愛的、最享受的工作，而盡情地去發揮自我長才！」

真的，「只有小人物才會一成不變、枯燥無味地過日子！」

## 職場關鍵字

**自我要求：**「自我要求、自我規範」，是一個人，乃至一個企業最重要的事。我們絕不能用「低標準」來敷衍自己，而是要用「高標準」來檢視自己！人若不能「自我肯定、自我嚴律」，只求馬馬虎虎、隨便過關就好，那麼，人就會得到性格的「骨質疏鬆症」呀！

### 心靈充電指南

**人不能做到「十全十美」，卻能「力求完美」！**

**一個人不只是要把工作「做完」，還要「做完美」，做出「好口碑」呀！**

**全心投入，才有收入；你我，都要成為自我生命的天才。**

# 17 以才待機，為自己賦予定位

人和企業一樣，最重要的就是要「定位」，不妨告訴自己要成為什麼樣的人？要達成什麼樣的目標？並且往目標邁進。最重要的是——當機會來臨時，我們已經做好「萬全的準備」了！

## 你知道，世貿摩天大樓是誰設計的嗎？

九一一恐怖攻擊事件，讓全世界知名的紐約「世界貿易中心」兩棟超高大樓，瞬間全部倒塌。這兩座一百一十層的摩天大樓，被恐怖份子駕駛的自殺式飛機重重撞擊，引發大火，最後倒塌消失！

可是，您知道世貿中心大樓的總建築師是誰嗎？他是一位美籍日本人「山崎實」。從小在西雅圖長大的山崎實，雖然英語流利度與美國人無異，可是他有色人種的膚色，卻讓他遭受到歧視和排斥。

後來，山崎實決定前往紐約，在日本人開的瓷器店裡打工，負責包裝瓷器，同時，他晚上也到大學半工半讀地選修碩士課程。

兩年後，山崎實因業餘幫人畫設計圖，被一位建築師看中，才被延攬進入建築師事務所當繪圖員。在那裡，他努力學習，累積了許多「建築設計」與「實際建造」的紮實經驗。

之後，山崎實自己開了一家建築師事務所，也參加很多建築設計的競圖；其中，他為了設計密蘇里州「聖路易機場大廈」，先後到了華盛頓、匹茲堡、費城等地的機場觀察，也做了精心的調查和比較，並擷取日本建築的精華，而設計出獨特、新穎、實用的機場大廈。

許多專家看完山崎實的作品後，都認為該設計極為傑出，找不出任何缺點，而使他拿到「競圖首獎」，一炮而紅。

幾年後，因山崎實不斷地突破和創新，使他的設計在建築界愈來愈受矚目；像是，他設計了沙烏地阿拉伯的「達蘭機場大廈」，融合了「現代化航空的科技」與「阿拉伯宮殿的風格」，設計出充滿天方夜譚情調的現代建築。等機場大廈落成之後，沙烏地阿拉伯國王看了盛讚不已，並決定將這幢建築做為沙烏地阿拉伯鈔票的圖案。

一九六二年，也就是山崎實五十歲那年，他接到紐約新紐澤西港務局的邀請，要他負責「紐約世貿中心大樓」的設計。在山崎實的巧思構想下，幾年後，兩大棟形體完全一樣、不遠不近並肩而立的世界超高大樓峻工了。它，曾被喻為「全世界設計最好的超高層建築」。

如今，雖然山崎實已經離開人世多年，兩座「世貿大樓」也因恐怖攻擊而消失，但是山崎實「不畏歧視、勇敢走出自己、創造命運」的故事，仍然令人感動不已！

**因此，我們每個人都可以是「自我生命的推手」，也都是「自我生命的設計師」，只要我們願意，我們都能設計、建造出「自我生命的摩天大樓」啊！**

## 以才待機，從基礎累積實力

人是無法一步登天的，縱使本身十分有才華、有能力，也必須從基層學習做起；就如同山崎實，他在年輕時，也曾在瓷器店裡打工、當包裝工人；也在小建築事務所裡，當個小繪圖員，不斷累積自己的經驗。

因此，有人曾問台塑集團創辦人王永慶：「成功最重要的條件是什麼？」王永慶說：「刻苦耐勞，從基層做起！」

的確，房子要蓋得好，地基要穩固；羽毛球要打得好，基本動作要熟練！人的事業要成功，就必須「穩紮根基、受苦耐勞」，才能逐漸嶄露頭角、綻放光芒！

**我們的生命，就是不斷地訓練自己、造就自己，讓自己有更好的條件和表現，來「以才待機」「創造機會」！**

## 找到自己定位，往目標邁進

多年前報載，從小喜歡棒球的葉明煌，年紀輕輕就開啟他的棒球生涯，畢業後，他曾在兄弟象當練習生，後來，被引薦到三商虎隊打球。可是，在他正式穿上球衣、參加開訓典禮的當天，虎隊老闆當眾宣布「解散球隊」！也因此，他棒球的夢想因而遭受巨大的打擊！

而後，葉明煌改行當救生員、健身教練，以及潛水、游泳教練。因緣際會下，他認識了美國學校的老師麥可，也因此，他被推薦到美國學校去教棒球。

過了一陣子，美國學校與紐西蘭學校進行教練交換計劃，那時，他正準備到市政府養工處，謀一份工作養家。可是，到底他留在家鄉鋪馬路好呢？還是到紐西蘭去教棒球好呢？而且，他不會講英文，如何能到異地教棒球？

不過，葉明煌下了決定──「誰說沒打過職棒不能當好教練？我決定到紐西蘭教棒球！我知道很多人在看我笑話，但我一定不要被擊倒！」

葉明煌真的勇敢地到了紐西蘭教棒球！他有計劃、活潑的教球方式，逐漸打開知名度，而被挖角成為「國家棒球隊教練」。

多年下來，葉明煌不停地學英文，也建立良好的人脈；如今，他可以說是紐西蘭棒球領域的重要推手，二〇二〇年在紐西蘭棒球協會年終大獎頒獎典禮榮獲「Coach of the year 年度最佳教練獎」，更是台紐棒球交流的橋樑，而他過去在台灣沒實現的夢想，現在正在紐西蘭達成！

所以，人跟企業一樣，最重要的就是要**「定位」**——定位，不是一次到位，而是讓自己的「下半場人生」，有再衝刺、再追尋的目標！否則，「上半場人生」打得很精彩，而「下半場人生」卻乏善可陳、一無是處，那是多麼可惜啊！

## 職場關鍵字

**職場定位：**除了找出人生定位，持續往目標邁進以外，試著找出工作上的定位，也有助於職場發展；例如「自己擅長的領域」「目前的工作內容是否明確」「工作是否有具體目標」等，也可以從自己的性格、能力切入分析，或許就能找到更適合自己的方向。

### 心靈充電指南

**「人，不怕慢，只怕站！」我們不怕步伐走得慢，只怕站在原地踏步。**

**「若你青澀，便還能成長；若你熟透，便即將腐爛！」**

**「會做而不做，便是懶惰！」**

# 18 守時，決定第一印象

守時，其實是從小到大、被老師、父母耳提面命的重要生活觀念，但日常生活中，總還是會遇到有人遲到的情況。守時，其實不僅是影響你給人的第一印象，同時也能看出你對於生活的掌控力！

## 一遲到，成千古恨

有一瑞典男子哈倫斯，娶泰國美女素甘雅為妻，育有二女；他們一家人每年七、八月都會返回泰國度假、享受一個月的溫暖陽光，再返回瑞典過寒冬。

幾年前的七月下旬，他們照例回到泰國度假；而八月十三日星期五上午假期結束，他們在「皇家廣場酒店」結完帳後，於大廳等候素甘雅的妹妹吉莎婉十點整開車來接他們，準備赴曼谷機場搭機返回瑞典。然而，泰國人常有遲到的通病，他們的約會，通常會有「遲到半小時到一小時」的彈性。

所以，當吉莎婉遲遲不來時，哈倫斯一家人只好在旅店大廳中一直等待。

不料，十點十分，「皇家廣場酒店」在毫無預警中，突然整個崩塌下來，活活壓死一百三十多人；而哈倫斯一家四口人，也被活埋在瓦礫中。稍後才趕到的吉莎婉，則在一旁放聲大哭、傷心欲絕地說：「如果我準時到達，他們就會活得好好的！」

約會遲到，是不好的習慣，就像上述故事，「一遲到，成千古恨！」或許，也有人因遲到而「躲過一劫、救了一命」，不過，「準時」當然是最應遵守的原則。

## 太輕忽、不守時，別人正在打「負面分數」

有一次，我去拜訪一位出版界的前輩。因為塞車、找車位的關係，我遲到了十分鐘，而且，我並未用電話先告知這前輩我會遲到一些時間，以至於當我匆忙地趕到該公司、即將上電梯時，只見這位前輩從電梯裡走出來，他即將要離去。

「你不是和我約好五點嗎？時間到了，你沒有來，我以為你不來了……」這前輩嚴肅地對我說。

「很抱歉，我塞車、找停車位，遲到了……很不好意思，我應該先告知您的……」

「對，你遲到，你應該先告訴我，不然，我有事，我就先走了！你看，你再晚三十秒來，我就先離開了……」

被前輩這麼一講，我無言以對，直彎腰致歉。我的輕忽時間、不守時，不夠用心，其實，別人正在給我打「負面分數」呀！

## 愛遲到的大牌男演員

名導演李行先生曾講過一則故事——

有個著名的男演員，愛耍大牌，常遲到、不守時；可是，礙於他是大牌演員，大家雖不高興，但心裡也都忍著。

有一天拍戲，所有演員都到齊了，可以開拍了，唯獨這位大牌的男演員還沒出現。怎麼辦呢？

「等他！」李行導演忍住氣，淡淡地說。

二十分鐘、半個小時、一個小時……時間一分一分地過去，導演、演員、攝影、燈光、道具、場記、場務……每個人都靜靜地等待，不語。

過了一個半小時，那男演員終於大牌地出現了。

李行看見他，沒有大聲罵他，只是站了起來，對著其他所有人說道：「好了，收工！」

於是，現場的燈光熄滅了，大家收工了。人，一個個都走了，李行導演也走了，只留下那個男演員，呆呆地站在漆黑的戲場中……

從此以後，那男演員再也不敢遲到了。

因為，他因「不尊重他人」的這件事，大大地傷害到自己的自尊。

李行導演的這則真實故事，令我印象十分深刻。他沒有對這男演員當眾破口大罵，也沒有暴跳如雷；他借用大家的力量，對這位愛遲到的男演員，做了一次「最震撼的教訓」。

## 守時，尊重他人，也尊重自己

作為一個上台演講者，時間觀念就更為重要；我常要求自己必須「提前到達、預作準備」，不能匆匆前來，時間到時才出現！

假如可以的話，提前到達會場，看一下會場的佈置、音響設備、座椅的擺設、輔助器材的配合……同時，也與相關人員先行溝通，這麼一來，心情就能較為從容、鎮定，不致於因為遲到而一直在台上猛擦汗、喘著氣道歉說：「對不起，我塞車遲到了……」

若有極重要的演講或簡報，「提前一天到達」也不為過，因為我們實在不知道途中會有什麼突發狀況——飛機會不會停飛？高速公路會不會出大車禍，或淹大水？

因此，未雨綢繆、設想周到、提前到達會場、了解狀況，才能使自己胸有成竹、從容篤定，也才能將自己最好的「專業能力」表現出來！

## 職場關鍵字

**凡事提前 15 分鐘：**守時是一件平常、卻非常重要的事情；遲到不僅是對客戶不尊重，也顯示出「自我時間管理」的問題。不妨凡事提前 15 分鐘，不僅讓自己有餘裕緩和情緒，也能準備好狀態面對工作。當然，越重要的事情，也能再預留更多時間，才能展現出自己最好的表現！

### 心靈充電指南

**人的「心」，很重要——「心不難，事就不難。」心若是積極的、主動的、用心的，別人就會看見。**

**「把事業做好，比做大還重要！」**

**「世界有路，無限寬廣、暢通。」只要用心付出、積極努力，幸福就在轉彎處，成功也就在轉角處呀！**

19

# 用心做事，不敷衍了事

人要帶著心去上班，古人說：「一矢不能中兩的，一車不能赴兩途」，人的心，更是如此，不能二用；人的眼，不能二視；人的耳，不能二聽；人的手，不能二事……

## 用心，是做好每一件事的基礎

馬來西亞南部的居鑾市，是我以前未曾去過的地方，但因著新山國際書展的機會，我應邀前往居鑾中學演講。

大眾書局的承辦人告訴我，很少有海外知名作家前往居鑾小鎮演講，因為，大部分作家都是在吉隆坡、新山、檳城等大城市演講；然而，透過當時的「國會議員、也是高等教育部副部長」何國忠博士的牽線和安排，我才有機緣親赴居鑾。

演講當天，四百多名的聽眾，把居鑾中學的演講廳都擠滿了。

何國忠博士蒞臨會場時，會場更是響起了如雷的掌聲；因為，何博士是從小在居鑾長大的子弟，也在當地高票當選國會議員；而且何博士十分重視居鑾的文化教育，經常在台灣等地勸募中文書籍，送到居鑾來，提供華人子弟閱讀。

當司儀邀請何國忠議員上台致詞時，只見何博士滿臉微笑地上台。他的個子不高，和我一樣，屬於矮個子，但，他站在台上，卻謙和、仔細地對我的背景侃侃而談。其實，我和何博士是初次見面，彼此不熟悉，然而，他顯然在網站上，已經將我的資料仔細研究了一番。

在講台上，何博士談我的求學過程、談我的著作、談我的價值觀、談我走過的路；他從容、篤定、和藹的談話，使人感到如沐春風。

何博士約十分鐘的致詞結束之後，因另有重要行程，就先行離去。當我上台時，我告訴現場的聽眾：

「我來西馬、東馬演講至少四、五十場次，但是，今天我感到特別感動，因為不知道大家注意到了沒有，何國忠博士是國會議員，也是教育部副部長，但是他的致詞，從頭到尾，完全沒有看稿、沒照稿唸對不對？……何博士是我來馬來西亞這麼多次，第一次看到上台致詞的嘉賓，是不看稿的；而且他的態度很謙虛，講得又是如此精彩、生動……大家說，何博士上台前有沒有準備啊？」

「有！」大家齊聲回答。

「何博士用不用心啊？」

「用心！」

「大家給何博士掌聲鼓勵好不好？」此時，現場立即響起熱烈的掌聲。

雖然，當時何博士已經離開現場，但我請主辦人員轉達——「我對何博士的致詞，以及上台前的用心準備，致上最深的敬意。」

**「用力，自己知道；用心，別人知道。」**

國會議員、教育部副部長，如此成功、忙碌的人，但他始終心中念茲在茲，把每個細節用心準備，做到最好。這，真是年輕人的最佳表率啊！

許多司儀或嘉賓站在台上，沒有充份準備，手上拿著講稿照唸，還唸得結結巴巴……可是，「人一上台，一開口說話，就是自己的廣告」，別人都在給我們打分數啊！

有心、用心的人，不管再怎麼忙碌，還是會虛心、謙和地認真準備，把握每一次的上台機會，贏得大眾的口碑。

因為，**「細節，成就完美；認真，才能榮耀一生啊！」**

## 自我態度不能輕鬆隨便、敷衍了事

我的助理曾經接到一通電話，是一個女大學生打來的：

「我們老師說要我們訪問一位名人，做一篇採訪報告，我想採訪戴老師，請他接受我的採訪。」

雖然我的行程排得很滿，也很忙碌，但偶爾能幫助學生學習、增加經驗，接受採訪也是很好的。但是，既然是要訪問我，總不能連我的基本背景資料都不知道吧？總不能只是來跟我閒聊吧？

所以我就請助理對她說：「要採訪可以，不過請妳先大致看完戴老師著作中的一本書，簡單寫一篇心得報告來，戴老師就接受妳的採訪。」

很快地，沒有一天時間，這女大學生的報告就傳來了；可是，我仔細一看，這報告的內容跟我的書一點關係也沒有。她不知道是去哪裡抓來的一篇文章，或是她曾經寫過的讀書報告，根本不是看我的書的心得報告。

我又請助理對她說：「妳根本沒看我的書，否則這篇報告不應該是這個樣子，請妳認真地看我的任何一本書，再寫報告來，我就接受妳的採訪。」

結果，那位女學生回答說：「那就不要了，我沒有空寫……」

以前，我唸藝專廣電科時，常常主動收集新聞資料，也去採訪在媒體上表現很優秀的學長，然後將採訪內容在校刊上發表；或是主動、用心地採訪新聞媒體主管，所以在畢業時，我手邊有許許多多屬於自己的作品和成績。

但是，如果事前不用心準備，誰願意花時間接受我的採訪呢？

「虛心求教，謙和態度」，應該是學習的最基本功夫，怎麼可以只想著輕鬆隨便、敷衍了事，只想著要別人付出，自己卻連盡一份力都不願意呢？

一個人用不用心、認不認真，旁邊的人一定可以感受得到。

面對自己的工作，自己所負責的事情都應該認真、謹慎；事前的功夫要先準備充分，因為，別人都在給我們打分數、給我們評價呀！如果，只想要輕鬆、偷懶、照本宣科，事情怎麼可能做得好呢？

## 職場關鍵字

**凡事用心：**用心其實不只是在職場上，待人處事其實也需要用心以對。但聚焦在職場上，或許可以從每一件事情的細節下手，小從「資料送出前多檢查一次」「守時」「有疑問就提問」，大至琢磨工作每一個步驟背後的原因、抉擇的理由等等，不僅可以讓你更了解工作內容，也能減少工作上的疏忽與錯誤。

**專注：**在變動快速的社會中，一次只做一件事似乎顯得很沒效率，但其實正好相反，專注做完一件事情，遠比多工處理來得更有效率；尤其是當你同步處理太多工作時，往往會擔心什麼沒做完、什麼沒注意到，看似做了很多事，但其實都沒有太多進度，最後反而更費時、費力。

### 心靈充電指南

**一個人「只要把平凡的事做得徹底，就會有非凡的成績」！**

**專注於一，才能拿第一；認真，可以改變一生！**

**要讓自己成為一匹「黑馬」，讓人跌破眼鏡。**

# NOTE

# PART 3

# 表達與溝通是成功的第一步

不論是面對同事、上司還是客戶，
溝通都是職場必備的技能之一；
而妥善的人際關係，
也將成為工作的一大助力。

# 20 口才與表達是職場必備技能

口才魅力沒有標準答案，每個人都可以儘量學習，讓自己的說話風格「個人化、生活化、風趣化」；也能透過「小組分享、團體激勵」「互相監督、彼此挑剔」的方式，而使自己的口才表達能力，日日精進。

## 訓練口才，從生活開始

許多人都埋怨說，「我沒有什麼機會訓練口才」；但是，有心的三、五好友聚在一起，或公司同仁找個時間聚集，是「讀書會」也好，是「心得分享」也好，只要將自己聽來的、學來的，不管是笑話、故事、新聞、或任何新觀念、新啟示……都可以勇敢地開口講出來，彼此分享。

因此，口才表達，並不一定要在「大庭廣眾」或「許多聽眾」面前練習；私下志同道合的好友相聚，組個「說話會」或「口才小組」，每次有備而來，並勇敢地說出來，就一定會進步！

我們常看到小孩子放風箏，能放能收、控制自如，很漂亮；可是，「說話」就沒有辦法「收放自如」。所以，西方人說：「**說話要很小心，因為話留在肚子裡，可以慢慢消化，但若一說出口，連上帝也難以取消。**」也因此，我們都必須訓練自己，讓自己的說話更得體、更從容、更能打動他人。

其實，口才訓練，只要有心，處處是教室！

記得我唸藝專時，一位美學老師的期末考，沒有條列式的考試題目，他只帶「三幅畫」，放在黑板上，叫我們隨意寫出——三幅畫中，有哪些「相似點、相異處」？有什麼「創意聯想」？

後來，我在大學任教時，演講學的平常考試，也帶「一束花、一幅畫、一個時鐘」，放在講桌上，要學生七嘴八舌、絞盡腦汁激盪地「創意聯想」；不主動舉手講話，就沒有分數。

所以，口才教室，無所不在；口才魅力，沒有標準答案，每個人都可以儘量讓自己的說話風格「個人化、生活化、風趣化」！而除了平時的自我訓練外，也可以透過「小組分享、團體激勵」「互相監督、彼此挑剔」的方式，而使自己的口才能力，日日精進。

## 說話不難，說出適當的話才不容易

古時候，子禽曾問墨子說：「多言有益嗎？」

墨子回答說：「青蛙、蟬、蚊、蠅不分日夜地呱呱叫、或嗡嗡飛，牠們就算叫得口乾舌燥，人們也會覺得很厭煩；可是，公雞每天準時啼叫，把人們從睡夢中叫醒，大家卻十分感謝牠。因此，多說話有什麼好處呢？要緊的是，要在適當的時候，說出適當的話呀！」

要「在適當時，說適當話」，很不容易；要成為一個「說道理的人、有說服力的人」，更不容易！不過，我們可以學習「AIM理論」，來增強口才表達能力。

**「A」（Attetion）**，就是我們的說話方式、風格，要能引起對方注意。

**「I」（Interest）**，就是說話的題材、內容，要能引起對方興趣。

**「M」（Motivation）**，就是說話中，要賦予聽者願意行動的動機。

已故藝文界名嘴王大空先生曾說：「我手寫我心，我口說我心。」一個說話的人，要有心、要用心、要懂得引起對方的注意和興趣，而將訊息傳達給他！

所以，**我口說我心，我的肚子就要「有好貨」，我的嘴巴就要「有口才」，說話才會有「說服力和感動力」**。

話要說得好、說得妙，很不容易，所以聖經上形容一句話說得合宜，就像「金蘋果落在銀網子裡」；而且，有些話「使人笑」，有些話卻「使人跳」，不是嗎？

不過，會說話並不是「天生的」，而是不斷用心觀摩、學習而來；尤其是上台說話，更需要靠「磨練」。

其實，「緊張、恐懼」，是每個初學說話的人都會有的生理狀態，所以愛默生說：「恐懼，是世界上最容易擊敗人的東西。」人一緊張，就發抖，話就說不好；也因此，連口才極佳的採訪、播報記者，也會凸槌、出錯。

**若能在說話前「勤於思考、充分準備」，並再三演練，就可以減少錯誤和出糗的機會。**

其實想想，一百人當中，有多少人擅長於口才？而在許多談話中，有多少人是「口齒流利、言之有物、令人滿意」的呢？

所以，如果我們目前是「木訥結舌」，沒關係，只要用心體會與準備，並「主動開口、秀出自己」，將來我們一開口、一舉手、一投足，也都會充滿不可思議的魅力！

## 職場關鍵字

**表達能力：**表達能力之所以重要，在於你必須將你的專業，讓主管、客戶能夠聽得懂、聽得明白。有些人是「有想法，但不敢說」、有些人是「敢說，但說得不好」、又或者是「敢說，但無法吸引人」，不論是哪一種，都需要花時間找出問題點，勤加練習，才能擁有流利、自在表達的好口才。

### 心靈充電指南

**想把話說好，必須用心準備、不斷學習，並施以無數點滴的訓練，才能產生動人的力量！**

**說話，不要操之過急， 也不要心浮氣躁。**

**說話前「勤於思考、充分準備」，並再三演練，就可以減少錯誤和出糗的機會。**

21

# 說話是自己的品牌

「說話」是我們平常就在做的事情，但擺在職場、人際關係上，卻成為我們對外的「品牌」。所以，不論擁有流利的表達能力，又或者是「言之有物」，兩者都是十分重要的！

## 優秀的表達能力，會成為決勝關鍵

流利的口才、風趣的表達，來自經驗、來自閱歷、來自書本，來自本身不斷地演練。當我們與他人接觸的時候，我們就已經正在「被他人評價」；別人從我們的穿著、表情、動作、說話、內涵……正一直在給我們「打印象分數」。其中，不可諱言地，「口才談吐」是一項重要的指標。

有兩名研究所學生，成績都很棒，畢業後一起進入一家電子科技公司。

可是，在工作一段時間後，上司發現，小陳在與同仁們相處時，常羞於表達，極不自在；而當他在會議中發言，或做業務簡報時，常滿臉通紅、全身發抖、詞不達意。相反地，小郭在與長官說話時，十分自信、從容；在面對大眾做簡報時，一直面帶笑容、有條不紊、侃侃而談，極具說服力！

七、八年之後，小郭已被長官提拔為「副總經理」，而小陳卻仍是一名「課長」。

您知道嗎，一生「虧在口才不好」「敗在不會說話」的人很多，我們必須設法充實自己的「說話詞彙」，用「口才能力」來改變命運！

## 不擅長表達，也要有「言之有物」「誠懇以待」的說話內容

但是，如果口才表達真的是自己的短處，該怎麼辦？

古人說：「至言無巧」；有人雖然拙於言詞、不擅表達，卻用心琢磨、盡心準備，因此，言談之間充滿純真、誠懇、自然與感動！

李媽媽，是社區讀書會的一員，也是個害羞的媽媽，總是坐在角落，很少說話。可是，在讀書會指導老師的規定下，有一天，她終於羞赧地走上講台。她，很緊張，紅著臉，對台下的學員們說道——

昨天晚上，我們家在吃晚餐時，小女兒突然尖叫地跟我說：「媽，菜裡面有妳的一根長頭髮耶，好噁心哦！」我一聽，整個人都傻住了，心裡也一陣難過！

因為，我想起十六、七年前，我還在鄉下唸國小五年級時，家裡很窮，沒錢買便當，媽媽每天必須一大早到田裡工作；收工後，趕快回家幫我做便當，再快點騎著腳踏車，把便當送到學校來給我。

有一天，媽媽仍然把熱騰騰的便當送來學校給我。當我在教室裡吃便當時，突然發現飯菜裡有一根很長的頭髮。那天，回到家，我很不高興、臭著臉對媽媽說：「媽，明天我不吃妳做的便當了！」

「為什麼？」

「因為，今天中午我吃的便當，裡面有妳的一根很長的頭髮，看起來好噁心、好沒衛生哦！我想，我買學校的便當吃比較衛生，而且，妳也不用每天送便當來學校給我……」

我的話還沒說完，只見媽媽把頭轉向一邊，低著頭朝廚房走去。媽媽沒有講話，只是打開水龍頭，一直沖水洗碗。那天晚上，我們母女都沒有再講話。

隔天一早，天沒亮，我媽媽就出門工作。到了中午，快下課時，我看見媽媽仍踩著腳踏車，提早來學校，她神情焦急地站在教室外，探頭找尋我的身影。下課了，我走出教室，臉色不悅地對媽說：「媽，不是說好叫妳不要再送便當來了嗎？……」

這時，媽媽右手揮著斗笠，左手擦著額頭上的汗水，喘著氣說：「乖，趕快吃、趕快趁熱吃，這次，飯菜裡絕對沒有媽媽的頭髮了！」

講到這裡，台上的李媽媽，眼淚掉了下來，她擦拭眼淚說道：「對不起，我不太會講話，也愛哭！……以前，我不知道體諒母親的辛苦，也不知道感恩，現在

『我做了媽，才知道自己不如媽！』……很不好意思，我拉拉雜雜講了這些我自己的心情，講得很不好，對不起，謝謝大家！」

當李媽媽紅著眼走下台的那一刻，全體讀書會的學員，都報以熱烈的掌聲！

**有人說：「拙於言詞的誠懇，是一種強而有力的說服！」**

的確，一個會說話的人，不一定要有顯赫的職稱與頭銜，卻必須有一顆「誠懇、真摯的心」，所謂「修辭立其誠」，意即在此。

其實，語言只是一種溝通的工具和技巧而已；但，一個說話的人，若能以誠懇的心「省思自己、用心準備」，來說出內心的真心話，則就像學習藝術創作一樣，雖然沒有名師天天在旁指導，亦可能有偉大的作品呀！

## 表達是展現自己的廣告，全靠思考「如何說話」

一個人說話的態度、個性與氣質，是其人格的重要特質；有些人態度高傲、輕蔑；有些人則是畏縮、沒自信；有些人經常嘲諷、批評他人；有些人鄉愿、只會拍馬屁；有些人太武斷，常用上對下的口吻……

您知道嗎，說話的人一開口，就立刻變成「被人評價的對象」，而每個聽眾，也都成為「打分數的評審」，其觀感好壞、評價高低，自然在心裡留下成績。

不過，一個「拙於言詞，卻態度誠懇的人」，其給人的印象，一定勝過「口才極佳、滿腹經綸，卻態度高傲、輕蔑的人」。

所以，不管我們喜歡與否，「我們的說話表達，就是我們自己的廣告。」

我們給別人的感覺是歡喜、是豁達、是謙卑、是誠懇、是輕狂、是無知、是受益良多、還是普普通通、不過爾爾？……這，完全看我們是如何呈現自己的「廣告」了！

## 職場關鍵字

**說話小技巧：**如果覺得自己不擅長表達，總是會感到恐懼，不妨在開口說話前，先做好事前功課，並提前擬好講稿，自己先練習幾遍，不僅可以審視自己是否有疏忽之處，也可以加強自己的自信，等到實際上場時，也就不會太過緊張了。

### 心靈充電指南

**我們的說話表達，就是我們自己的「廣告」。**

**語言是一種溝通表達的工具與技巧，內容則是要「多閱讀、多傾聽、多記錄、多觀察、多演練」，才能愈來愈上手。**

**我們不要有「開會恐懼症」，我們可以「認真地聽」「認真地記錄」「認真地發言」，這都是學習呀！**

# 22 說出重點，抓住旁人耳朵

仔細研究說話的細節，你會發現有許多小訣竅！
例如，利用斷句與輕重音，來突顯重點，就算是簡單的一句話，
也可以抓住大家的注意力！

## 坐下來朗讀一篇文章，聽聽自己的聲音

人真的有「前世」和「來生」嗎？人真的有「生命輪迴」嗎？似乎沒有人可以給我們明確的答案。不過，我曾看過一篇文章寫道——聽說黎巴嫩人幾乎每個人都相信有生命輪迴這回事！

一個十多歲的小女孩，可能拿出一張禿頭的中年人照片說：「他是我前世的丈夫！」另一個少年，也可能拿出一張妙齡女子的照片說：「她，是我前世

的妻子！」

怎麼會？黎巴嫩人，好像老老少少都相信「生命輪迴」？

有兩位西方人類學家到黎巴嫩住了一陣子，想用符合科學精神的方法，尋找出答案。然而，一個月過去了，兩位人類學家似乎沒有辦法用科學方法找到答案。

人類學家看著被戰火蹂躪的廢墟、看著黎巴嫩人殘破的家園、看著貧瘠無法耕作的土地，他們找到了一個可以合理解釋的答案：「中東的生活太苦了，他們只有相信生命輪迴，才能活得下去！因為，黎巴嫩人是活在一個沒有選擇的今生；他們一出生，四周就都是戰火、炮聲和驚慌；他們只有活在超現實的想像中，活在相信有來生、有生命輪迴的寄託中，心靈才能得到平靜！」

我試著把這篇吸引我，並加以改寫的短文唸一次；發現，要唸得清楚、精彩、有抑揚頓挫，能吸引人、也要令人印象深刻，並不容易。

年輕時的我，沒有什麼錢，但我特別買了一台錄音機，也買了一個有三腳架的麥克風，每天放在桌前，開始錄音。我隨便找一張報紙，挑出其中幾篇新聞稿，先用紅筆在新聞稿中，把「重點字」輕畫一下，或在該「斷句」的地方點一下，試圖把新聞稿很用心地唸完。

唸完一次，再唸一次，讓自己的聲音「很自然、不緊張、並帶有豐沛的感情」。有時，當我倒帶，聽錄音帶裡自己的聲音時，我會覺得——「哎喲，怎麼那麼難聽？是不是錄音機壞了？」不，別懷疑，那就是你的聲音，錄音機很少會因我們的聲音而壞掉！

如果我們想要別人喜歡聽我們說話，我們就必須「先喜歡自己的聲音」。同時，在自我練習時，我們必須以「很有自信」的方式，想像「我的面前有一個人或一群人」，而我，正在告訴你一件很稀奇、很新鮮、或很重要的事。

當我們想像「我正在告訴你一件重要的事情時」，我們就必須把內容講述清楚，把哪些人、時間、地點、發生什麼事、為什麼會這樣？……說個清楚，而絕不能只是像「唸稿」一樣。

因此，「斷句」很重要，而且人名、地名、時間、動詞、形容詞、原因……等等「重點字」，我們都必須「放慢速度」，讓別人能聽得懂、聽得清楚。

## 怎麼說「斷句」很重要？

有個退休老兵王老先生，給一個算命仙算命，算命仙煞有其事地看了他的面相、手相，然後很篤定地說：「先生，我說出來後，您可要鎮定、要節哀順變哦！按照您的命，您命中注定『父在母先死』！」

當時，算命仙的解釋是，父親會比母親更早過世。

後來，政府開放大陸探親，王老先生回到東北老家，才發現九十五歲的老爸依然健在，而老媽已於八十二歲時因病去世。

過一陣子，王老先生返台，即不服氣地去找算命仙，向他質疑；算命仙倒是理直氣壯地把先前講的五個字寫出來，不過，他卻多加一個逗點——「父在，母先死。」

「父在母先死」與「父在，母先死」，斷句不同，意義完全不同啊！

## 訓練表達，就從開口開始

現在，您可以把「黎巴嫩人相信生命輪迴」的這篇稿子，或另找一篇稿子，先用紅筆在「重點字」上做記號，也在應該「斷句」處做記號。接著，用很自信、很樂意與人分享的心情，鎮定地來「述說」這篇稿子，並將「重點字」的速度放慢，說清楚，不要急。

在該斷句之處，停頓一下！因為，說話是沒有標點符號的，必須靠「斷句、停頓」，來讓別人有「語意清楚、意義明確」的感受。

漸漸地，在語意清楚、明確之後，再加上「感情注入」、以及「音調變化」，這樣，聲韻和內容就能更加生動、吸引人。

現在，我們再舉些例子，請您以「聲調的輕重音」和「斷句變化」來練習：

「我『這個人』的原則就是——『打斷退路』、『破釜沉舟』！我做事一定要『往前看』絕不預期『萬一失敗，怎麼辦』？所以，我覺得我跟『別人』不一樣的地方，就是只要我『決心』要成功，我就一定『勇往直前』『絕不退縮』『從不猶豫』！我深深相信『想法的大小』，決定『成就的大小』！我，一定要做個『造夢的人』，而不是『做白日夢的人』，我一定要突破『舒適圈』，每天給自己一些『挑戰』。」

當我們試著將上述雙引號『』中的字詞，提高音調、也以「慢而強調」的方式來讀時，您會發現，感覺變得「有重點」「語義清楚多了」，不是嗎？

我們再來做個小實驗：我們先用漫不經心、快速的方式說「五千萬元」，然後再用一副吃驚、不可思議的口吻說「五—萬—元—耶！」聽，是不是感覺五萬元比五千萬元的數目大了許多？

所以，「變更音調」「變更速度」「加強重音」「放輕聲音」，或在重要的字句之後「突然停頓一下」，都會使說話的聲音，更富變化、更有韻味、更具魅力！

## 職場關鍵字

**邏輯思考：**除了表達能力及技巧以外，如何利用邏輯組織清晰易懂的內容，也是表達的重點之一。職場上，經常會遇到需要將繁雜的資訊化繁為簡，彙整出重點，提報給主管的情形，也因此吸收資訊，快速掌握重點，組織邏輯的能力，就顯得十分重要了。

### 心靈充電指南

**說話，是沒有標點符號的，必須靠「快慢、斷句、停頓」，讓人有「語意清楚」的感受。**

**語言，是有溫度的；多說溫暖的話、鼓勵的話，少說冰冷的話。**

**先喜歡自己的聲音，因為那是「世界上獨一無二的」。**

# 23 機會是靠開口要來的

有實力、有本事，卻因為不敢開口，只會讓機會從眼前流失。別害怕開口，也別害怕犯錯，即使有錯，靦腆知錯地笑笑，亦能化解於無形。

## 自己的權益，要自己開口爭取

麗娟是師大中文系畢業的學生，她告訴我說，她在大學時成績很棒，都領獎學金，唯獨在大一時，有一科成績不及格！哪一科？——四書論語，三十八分。怎麼唸中文系，連最基礎的四書論語都會被當掉？當時，麗娟曾找老教授詢問說，她考試成績都很好，也未曾蹺課，怎麼學期成績不及格？老教授放下老花眼鏡，仔細瞧瞧，也比對一下，才驚然發現，他記錯名字、認錯人了；因班上有另一名「很愛蹺課的女生」，與麗娟長得蠻像的，教授一時疏忽，分數給錯了，「當錯人」了！

可是，那時教授對麗娟說：「我的成績已經交給教務處了，要更改成績很麻煩，好不好三十八分就不改了，明年妳再重修一次，但是妳可以不用來上課，我一定會給妳高分及格！」

剛唸大一的麗娟個性很內向、害羞，不太敢說話；她聽老教授這麼一說，心裡好難過，也不敢多回嘴，只好默默地含著淚水離開。回家後，也不敢告訴父母，只是不斷地暗自流淚、哭泣！

由於麗娟日文不錯，畢業後申請日本知名大學就讀，但是，她被拒絕了，原因是——大一時「四書論語一科不及格」。如今，麗娟已畢業二十五年，已達「快可以退休」的年齡，但她一直未曾出國留學；回首年輕時的往事，她不勝唏噓——「唉，怎麼當時那麼沒膽，不敢積極說服老教授更改成績！」

在美國威斯康辛州唸研究所時，我曾有一科成績被美國教授打「B-」。碩士班學生成績平均必須拿到「B」才能畢業，而我只得到「B-」，應是不及格。

可是，我把平常成績與所有的考試成績算一算，又加上未蹺課，我覺得，我的成績不應是「B-」，至少是「B」才對。當時，我的內心很掙扎，不知該不該去向教授討分數？後來，我想，我應該「據理力爭」，不能讓自己的利益睡著，所以就鼓起勇氣，直接找美國教授用破英語溝通、爭取。

在辦公室裡，這位留著鬍子的中年教授拿起學生手冊看一看、算一算，然後對我說：「Charles, I'm sorry！你的成績我算錯了，你應該得『B+』，而不是『B-』，很抱歉！」這美國教授很客氣地一直向我道歉，甚至當著我的面，撥打電話給教務處註冊組，要求行政小姐立刻從電腦上更改我的成績！

那天，我走出教授辦公室，我好興奮，發現天空好藍、好美！

## 知道方法，也要嘗試練習與運用

有時「沉默是金」，但有時「沉默卻不是金」！

在現今的社會中，我們都應該做好「口語表達與溝通」「適時表現自己」，才能使自己天天進步、才不致埋沒自己！

但是，光是知道口語表達技巧是沒有用的，必須勇敢地找機會實際演練，才會有效果！所以，在生活中、在課堂上、在職場上，我們都一定要更自信、更勇敢、更開朗地開口表達自己。

而每一次的發問、向老師請教、主動發言、上台簡報……都能使我們的表達力更進步；而「小小的進步，就代表著大大的改變」，不是嗎？而且，自己的權益，要自己開口爭取；我們不積極爭取，誰會注意我們的存在？

**因此，「機會，是留給肯開口的人！」**
**「壯膽、用心說話，凡事都能迎刃而解！」**

## 口才，是需要機會培養的

有一天，我到一家公司參加會議。在我的印象與經驗裡，開會，一定是總經理、副總經理、總監，或在場的任何一位「職位最高者」來主持會議。

那天，與會者有總經理、副總經理、行銷經理、業務主任、企劃人員……等人。會議一開始，總經理說：「小莉，今天的會議妳來主持！」當時我心中愣了一下——怎麼是由「現場職位最低」的企劃新人來主持會議？

不過，沒多久，我懂了！總經理是利用每次大小會議，來訓練自己員工的「膽識、口才」和「主持會議的能力」。每次開會，大家覺得很無趣、很無聊，大概都是高階長官在主持的緣故吧！哈，「換人做做看」，由不同的人來主持會議，也許大家就比較敢講話，氣氛就會變得很開心、很好玩、很有趣呢！

其實，口才能力是逐漸培養出來的；從人際溝通、舉手發言、上台分享，無一不是需要「從錯誤中學習」，努力「創造機會」。或許，我們常羨慕那些在螢光幕上播報新聞的主播，可是，他們也是常在緊張不已的壓力下，不斷改善缺點、減少錯誤，讓自己的表達更為完美。

## 別怕犯錯，笑一笑，繼續練習！

曾有一位知名主播，經常吃螺絲，曾經不小心把「麥可傑克森」說成「傑克麥克森」，也在報導捐血活動時說：「捐血一命，救人一袋！」而當他報錯新聞時，臉上總會閃過一抹靦腆、可愛的微笑，來化解自己的尷尬。

人非聖賢，每個人隨時都可能出錯、出糗，鬧出小笑話！就像我，有一次站在講台上演講，講了沒多久，一男生突然把我拉到後台，告訴我：「戴老師，你的褲襠拉鍊忘了拉上！」天啦，真的有夠糗！

不過，出糗沒關係，下次別忘了拉上拉鍊就好！「吃螺絲」「說錯話」也是小插曲，下次更小心就是。倒是我們可以學習「慢」和「笑」——在台上說話，不要操之過急，不要心浮氣躁。

「緩，則圓；慢，則不火、不刺！」而「笑」，就是美；即使有錯，靦腆知錯地笑笑，亦能化解於無形。

## 職場關鍵字

**養成開口表達的習慣：**其實觀察台灣的學生，就可以發現，大部分的人都沒有表達的習慣，甚至不敢表達不同意見；但如果要等「一切都準備好」，才敢發言，可能早已錯失許多機會。不妨先讓自己爭取到「開口的機會」，隨著一次、二次的練習，當開口成為習慣，恐懼就會逐漸消散。

### 心靈充電指南

**人的尊貴，在於——可以學習不再恐懼、不再害怕，可以從容面對、勇敢表達，而成為一個快樂的說話高手！**

**每一次發問，都是一個練習的機會，也是一項勇敢的挑戰。**

**機會，常在等待、猶豫中失去、消逝。**

# 24 眼光對視，真心對話

說話的時候，你的眼睛總是看向哪裡呢？人際溝通密碼，就是「相互看到」；只有真心看見對方，讓對方覺得受到尊重，滿足「自我尊嚴感」，才能彼此友善對待。

## 眼睛對視，給予他人尊重

年輕時，我在擔任電視記者，常參加許多記者會。有一次，某部長在記者會後，很親切地與在場的男女記者們一一握手；當時，我身旁是友台一位頗具知名度的女記者，而我是沒沒無聞的新進記者，所以當部長走到我面前和我握手時，他的眼光卻注視著我身旁的女記者，直說：「喔，妳好，妳好……」

那時，我真覺得很失望，甚至覺得受辱。

沒錯，我是個沒有知名度的小記者，但當部長您主動來和我握手時，拜託您好歹也看我一眼，不要把我當成「空氣」好不好？再怎麼說，我也是一個好不容易才考上的電視記者，我也有「自尊」啊！

是的，「自尊」是人們的基本需求，每個人都希望「被人尊重」「被人肯定」。假如對方連看都不看我們一眼，我相信，其握手只是表面功夫、敷衍了事，根本沒有真心誠意。

所以，有人說：**「沒有眼光對視，就沒有溝通。」**

的確，「眼光的對視、真心的對話」，才會使對方覺得受到尊重，「自尊的需求」才能得到滿足，也才能提升對方的「自我價值感」（self-value）。

心理學上提到：**每個人的身上都帶著一個「看不見的訊號」，那就是——「請讓我感覺自己很重要！」或「請多看重我一下好嗎？」**

想想，真是如此。我們一直都希望別人看重我們，不要視我們為無物；相同地，對方其實也正帶著那「看不見的訊號」——我們也要讓對方感覺「他很重要」。這本來就是互惠、互饋的，不是嗎？

## 要讓對方感覺自己很重要

全世界知名的「玫琳凱化妝品公司」創辦人玫琳凱女士，曾說過一個故事：多年前，她開著一輛老舊汽車，到福特汽車的展示中心去，因她手頭上有錢，想買一部新轎車。當她走進福特展示中心，業務員看她開著老舊的車子，心裡判斷她買不起新車，所以就不把她當一回事。當時，剛好是中午，業務員說，他趕著赴午餐約會，就託辭把她打發走了。

於是，玫琳凱只好悻悻地逛到對街 Mercury 的汽車展示中心。該中心正展示一輛黃色轎車，儘管玫琳凱很喜歡，但價錢卻遠超過她原本的預算。可是，那業務員的談吐十分殷勤、誠懇；而在閒聊時，玫琳凱透露，想買車是因為當天是她的生日，想買部車送給自己當生日禮物。

後來，業務員禮貌地說他有點事，請求告退一分鐘，隨即回來。未料，十五分鐘之後，一花店小姐送來一打玫瑰，而那業務員就把整打玫瑰送給玫琳凱女士，祝賀她生日快樂！

天哪，玫琳凱說，當時她真的「太訝異、太驚喜、太意外」了！不用說，玫琳凱後來買的是——遠超過她預算的 Mercury 黃色轎車。因為，那聰明的業務員看到玫琳凱女士身上正散發著無形的訊號——「讓我感覺自己很重要！」而他所表現的，就是讓玫琳凱女士感覺「自己很重要、很受禮遇」。

從學理上來看，人與人之間的交往、互動，都是基於平等互惠的原則，也都希望被尊重、被肯定、被了解，而不喜歡被忽視。所以，**我們必須注意到別人心中想要的東西，也要看到對方最在意的東西，那就是——自我尊嚴感——「重視他，讓他覺得自己很重要。」**

## 簡單的動作，卻有最誠懇的真心

我曾經到一家大型貨運公司演講，承辦人早早跟我說，前來聽講的，都是全台灣各分處的主管，所以老闆很重視時間與效率，要求我絕對不能遲到，否則老闆的臉色會很難看。

當然，我也是自我嚴律的人，演講一定要提早半小時到達──「只能提早到，不能準時到。」

那場演講很愉快，結束後，老闆請我吃飯，再與承辦人一起送我開車離去。我上了車，車子緩緩向前，只見老闆與承辦人站在門口一直對我揮手、再見。車行約一百五十公尺，車子即將右轉，我從後視鏡回看，天哪──那老闆與承辦人還一直遠遠地向我揮手，直到我的車子右轉、看不見他們為止。

此時，我真是感動。難怪，他們公司的業績蒸蒸日上。

一般來說，老闆很少親自送講師離開的，更何況一直揮手、微笑、目送，直到看不見為止。有些演講，老闆不一定親自出席；有些承辦人，演講結束後，他說有事，已先行離開。

**一個微笑、揮手與目送，代表的是一種「禮貌」「看重」與「尊重」。**

這些簡單的動作，做到了，絕對生意興隆——我學到了這個道理。

因為，我說的那家貨運公司，最近已併購了一家同行貨運公司，生意也愈做愈大了！

咱們華人見面時，打招呼用語常是「吃飽了沒？」但南非祖魯人在見面，打招呼時，用語則是「I see you.」（我看見你了），而對方的回答是「I am here.」（我在這裡）。

See這個字，有「看到」「了解」「感受」的意思；人的相處，若只有眼睛「看」，心靈卻「看不見」，無法感受，溝通就產生障礙。

只有真心「目視對方」「看見對方」，才能超越溝通障礙，也才能彼此友善對待。從另一角度來看，人際溝通中，每個人總希望「自尊需求」獲得滿足。

「被人看見」「被人肯定」「被人讚美」，都能使人更振奮、更開心，感覺更有價值感；而懂得「看見對方」，更是人情練達的表徵。

## 世事洞明皆學問，人情練達即文章

一個人很聰明，卻不懂得做人處事的基本道理，事業不一定能成功；有些人功課成績差，卻懂得應對進退的人情世故，反而事業一路亨通。

「I see you.」我看見你了！用心地看著對方，揮手、目送，或微笑地接待對方，都是熱情相待的表現。

西班牙人說：「熱情，是靈魂之門。」而活力、熱情，乃是一切人脈的根基。人與人之間，有了「熱情與看見」，起初是陌生人，接著就如客人，最後就如一家人了。

## 職場關鍵字

**眼神交流：**眼神在溝通上扮演至關重要的角色，也會影響別人對你的觀感。講話時，看著對方，才能給予對方被尊重的感覺，反過來說，這也是為什麼當你跟人對話時，若沒有眼神交流，你會有種被拒絕的感受。

### 心靈充電指南

**賽涅卡曾說：「如果想獲得別人喜愛，就得先去喜愛別人。」**

**人際關係「好」和「不好」之間，有極大的區別；但是，人際關係欠佳的人，並不是天生註定如此，其實他只是缺乏經營、訓練不足罷了！**

**多用「眼光對視、真心對話」，來滿足對方「自我尊嚴感」。**

# 25 電話溝通小祕訣

俗語說：「口為禍福之關。」禍福常繫乎於一張口之開與閉。電話中，雖然對方看不見我們，但我們一定要儘量讓對方從聲音表情中，感受到愉悅與尊重。

## 隔著話筒，也能聽出情緒

人總有心情不好的時候。那天，坐在辦公室，電話響了，我接了電話，是一位小姐打來的。

她，未曾謀面，聲音細緻，說起話來輕聲甜美。公事談到一半，她忽然問我：「戴老師，您是不是生病了……聽您的聲音，好像很累，您要不要先休息一下，我明天再打給您？」

我一聽，愣了一下。「我生病？才怪！我身體好好的，哪裡生病？妳少咒我！」我心裡如此想著。可是，後來一想——完了，完了，我們自己的聲音太低沉、無生氣，一點精神也沒有，所以，給人家的感覺像生病一樣。

「抱歉、抱歉，剛才我心情不太好，講話口氣像生病一樣，對不起！」我趕緊在電話中，向那小姐致歉。

有人說：**「嘴角上揚的人，一生多福氣。」**

的確，我們在微笑時，嘴角大部份都會上揚；但是，在說話時，是不是嘴角還會上揚？如果說話時嘴角上揚，表示他是面帶微笑地說話。

我曾特別留意有些人打來電話，聲音充滿著「愉悅與喜氣」，幾乎是用興奮的心情來說話；那時，雖然我看不見對方的臉，但似乎可以感受到對方是「嘴角上揚、面帶微笑」地對我講電話。

相反地，如果電話那端的人「口氣很冷淡」、或「心不在焉」地回答，則我們很容易分辨，聽了也會覺得很不愉快。

因此，我在電話機上一直貼著「微笑」兩個字，希望提醒自己講電話時「多面帶微笑」，將我們的親和與善意，透過看不見的電話線，傳送給對方。

## 講電話是小事，但對話禮儀卻至關重要

說起講電話，每個人都一定有許多經驗。

有時打電話找某某人，接電話的人說：「他不在！」隨即就掛斷電話，心情真的變得好差哦！

也曾打給朋友，他竟回答說：「有什麼事？」

天哪，好意地問候你、和你聊聊天，竟然反問我「你有什麼事」？真不知該如何接下去？好像只有「有事」時，才可以打電話。

俗語說：「口為禍福之關。」禍福，常繫乎於一張口之開與閉。

而打電話，必須用到口，也是現代社會不可或缺的人際溝通工具，更影響到別

人對我們的印象；因此，我提醒自己——「聲音表情」很重要。

因為，對方看不見我們，但我們要儘量讓對方從我們的聲音表情中，感受到「愉悅與尊重」。雖然電話中，難免有意見相左的時候，但儘量面帶微笑地講電話、也儘量尊重對方，則雙方的溝通一定會很愉快。

## 公開場合接電話，勿大嗓門講話

當我們在參加會議，或看電影、聽演講時，常聽到行動電話「嗶嗶」作響，真是令人厭煩。更叫人生氣的是，有些人非但沒有立刻關機，反而在眾目睽睽之下，打開手機、拉開嗓門與對方通話，而引起公憤。

報載，曾有數位已卸任的美國部長級官員，組團來台訪問。而在工作午餐會上，當雙方正為某議題熱烈討論時，一位博士級的立法委員行動電話大響；這委員不但沒關機，反而繼續通話，結果一頓飯吃下來，這委員的手機響了四次。

後來，一美國官員忍不住私下問鄰座的我方代表說：「這種情況在台灣，是不是很普遍？」

唉，真是令人十分難堪、困窘，不是嗎？

## 常複誦對方職銜，留給對方良好印象

電話溝通時，我們也可以留意，多學習「複誦對方的職銜與姓名」。

因為，電話中我們給對方的印象，都是從「語氣和內容」獲得，若我們能面帶微笑地講電話，並常複誦對方職銜（如「張經理，您剛剛說……」「吳副總，謝謝您的交代。」「……」），將會使對方留下更好的印象。

另外，我們也必須注意「電話結束前的談話」，因為，電話溝通的最後印象，是不是滿意，常決定於「結束前的對話」。

因此，我們必須把握電話結束前的機會，儘量使用愉悅的聲音表情與內容，使對方感到印象深刻，甚至在掛上電話時，仍覺得意猶未盡、餘音繞樑。

## 職場關鍵字

**電話禮儀：**「接電話與打電話」是職場上一定會遇見的工作，如何應對也就成為一道課題。尤其是在無法面對面交談的情況，聲音表情就至關重要。另外，談話時應對的細節也十分重要，例如替同事代接電話時，詢問對方身分、來意、聯繫時間及聯絡方式等，注重這些細節，才能讓你在職場上面面俱到！

### 心靈充電指南

- **公開場合接講電話，勿大嗓門說話。**
- **常複誦對方職銜、留給對方良好印象。**
- **嘴角上揚，用愉悅心情說話，讓聲音表情更豐富。**

# 26 面對職場溝通衝突

在工作上，有時因利害衝突，彼此大吵一架、撕破臉，但，是不是可以謀求彌補、化解僵局？在感情上，也許緣盡了，無法共度一生，但，也不必「誓不兩立、玉石俱焚」啊！

## 謝謝你對我未曾有恨

有個農夫家住在樹林旁；未料，一條毒蛇入侵到他家庭院，咬死他五、六歲的獨子。這農夫十分悲慟，也決心為兒子報仇。

於是，這農夫不再到田裡工作，一心一意要找到這條毒蛇。在樹叢中，農夫終於發現，有一條毒蛇緩緩地從洞口爬出來；可是，農夫太緊張、太急了，當他拿大斧頭往毒蛇砍下時，沒擊中頭部，只砍斷蛇尾巴。此時，毒蛇痛得縮回洞穴裡去了。

後來，毒蛇不敢在白天出洞，只在夜晚爬出洞口找食物。可是，農夫心裡也怕毒蛇會找他報復，就想跟毒蛇講和。農夫在洞口放了一些麵包、雞蛋和水，對蛇說：「以後我們可不可以和平相處？……我不再砍你，你也不要再咬我們？」

毒蛇縮在洞裡，微弱地發出絲絲的聲音說：「今後我們不可能有和平了，因為你每次看到我，就會想起你死去的兒子；而我一看到你，就會想起被你砍斷的尾巴。」

看到這寓言時，心裡感到一陣震撼——或許，有時我們在無意中得罪了別人，或與別人發生衝突，而遭到對方無情撻伐、攻擊；可是，我們不認輸的個性，也不甘示弱地大肆反擊，非得把對方打倒、報一箭之仇不可！

在一陣廝殺中，雙方都耗盡了精神、體力，也或許雙方都掛彩、受傷，甚至還斷著手、流著血、互相叫罵——「我……我跟你……沒完沒了……誓不兩立……我們不可能有和平了！」

寫到這裡，不禁警惕自己，也衷心盼望——在人生路途上，不要有誓不兩立的敵人。或許，在工作上，有時因利害衝突，導致彼此大吵一架、撕破臉，但，是不是可以儘可能地謀求彌補、化解僵局？在感情上，也許緣盡了，兩人無法共度一生，但也不必憤怒地「誓不兩立、玉石俱焚」，或「同歸於盡」啊！

很喜歡一句話──**「謝謝你對我未曾有恨！」**

是的，人生如此可貴、如此短暫，或許我倆實在個性不合，就分手吧，「謝謝您陪我走過那美好的歲月與回憶，謝謝您未曾對我有恨！」

或是，工作中，曾經得罪您、冒犯您、虧欠您，實在過意不去，但「謝謝您寬宏大量、不予追究，也謝謝您未曾對我有恨！」

## 心存寬容，接納異己

美國曾有一名作家佛黎，經常寫攻訐老羅斯福總統的文章；佛黎的文字十分犀利，對老羅斯福的批評常是惡意且無情。有一次，老羅斯福聽說佛黎想來晉謁他，就知道，佛黎來者不善，表面是來致敬，實際是想要找材料來寫攻擊他的文章。

不過，老羅斯福還是叫職員到白宮圖書館找了幾本佛黎的著作，並發請柬邀請他到白宮來。當天晚上，老羅斯福就專心地讀佛黎的幾本著作。

隔天，老羅斯福笑容可掬地迎接佛黎，並客氣地說：「您那本大作《真克林們》小說中，有個人物我覺得很有趣，您可不可以多告訴我關於他的事……」

老羅斯福在白宮親切、誠懇地與佛黎討論他的著作，也關心他的生活和寫作；後來，佛黎對別人談到老羅斯福總統時，總是說：「謝謝他未曾對我有恨！當今世上，沒有任何力量或金錢，可以使我寫一篇反對他的文章了！」

## 以寬容對待傷人言語

曾聽過一則故事：有一對老夫婦，在慶祝結婚四十週年紀念日時，老先生應邀上台發表感言。老先生有點玩笑地說：「我這輩子最大的成就，就是娶了我太太；而我最大的遺憾，就是沒摸過其他女人的手、也沒親吻過其他女人。」

坐在一旁的老太太一聽，臉色馬上變綠，而且整個慶祝會上都「臭著臉」，氣得不跟先生講話。從那天以後，人人羨慕的四十年婚姻，出現了裂痕，而無法彌補；直到老先生臨終過世時，都沒獲得妻子的原諒。

這是多麼淒涼的故事啊！原本美滿的婚姻，怎料會因一句無心、玩笑的話，而悲劇收場？

此時，我更深信，「謝謝你未曾有恨」，是一句多麼寶貝、珍貴的話呀！

**溝通，本來就是希望能「同中有異、異中求同」，也做好「圓融溝通、化解對立」**。有時，我們也會說錯話、做錯事，但我們豈不都期待對方的諒解？也盼望對方高抬貴手、不再窮追猛打？因為，「諒人者，人恆敬之」啊！

假如對方因一時衝動，在言語上或行動上有錯誤和失當，若能以寬宏的肚量，原諒對方，必能獲得對方的感激與尊敬。

學習跳好人生舞步，很不容易。就像人際溝通一樣，要學習「心存寬容，接納異己」，也很不簡單！但是，若學得好、跳得美，人生舞姿就會更漂亮，不是嗎？

## 職場關鍵字

**三明治溝通法：**有時候想要提出意見，但卻擔心會因表達有誤差，反而造成彼此失和嗎？不妨試試看「三明治溝通法」（sandwich method），利用「正向肯定稱讚＋回饋建議＋正向肯定意見」，讓批評或建議夾在中間，讓人更容易接受你的意見；否則當你一開口就是批評，對方會立刻「築起心防」，好好的回饋意見就會大打折扣了。

### 心靈充電指南

**學習「異中求同」，也用圓融溝通的智慧，化解對立。**

**心存寬容、接納異己，讓人生的舞步跳得更美。**

**千萬別為了「不重要的事」，而失去你「最重要的人」。**

27

# 圓融溝通與主動溝通

溝通並不是輸贏遊戲，如果，我們凡事都要「自己贏、別人輸」，以致人人都討厭你，又有何用？

沒有人天生有義務要對我們好，而是我們要主動去關心、照顧別人，才能結下好緣份！

## 圓融溝通，在職場上才能處處亨通

在一個風景美麗的山上，有一間古色古香的甲寺廟，可是，這寺廟的和尚們經常鬥嘴、猜疑，也為香油錢吵得不可開交。而另一個乙寺廟，雖然面積小，景色也不如甲寺廟，可是和尚們都能笑口常開、一團和氣，香火也愈來愈興盛。

「為什麼那小廟的和尚每個人都那麼快樂？」甲寺廟的住持有點納悶，於是，就好奇地前往乙寺廟，向遇到的一個小和尚打探敵情地問道：「你可不可以告訴我，為什麼你們這裡的氣氛這麼融洽，大家都笑臉迎人、和睦相處？」

「因為，我們都經常做錯事！」小和尚俏皮地說。

「啊？經常做錯事？」甲寺廟住持一聽，滿臉疑惑、不知所云。

此時，忽然有個和尚匆忙走進寺廟大廳，不慎滑了一跤；正在拖地的小和尚見狀，立刻跑過去把他扶起，並不停地彎腰道歉：「對不起，對不起，都是我的錯，是我把地擦得太溼了！」

站在門口的另一和尚也跑進來說：「對不起，都是我的錯，我忘了告訴你大廳正在拖地，溼溼的，也忘了放警告標誌……」

被攙扶起來的和尚，則是一臉愧疚地說：「不，不，是我自己的錯，是我自己太匆忙，太不小心，沒仔細看地走路……」

專程前來打探敵情的甲寺廟住持，看到了「大家爭相認錯」的這一幕，深受感動，心中也獲得了他所要的答案。

我們常為了保護自己，而將責任推卸給別人，免得被貼上「做錯事」的標籤；可是，如果大家都爭相推諉、都覺得錯在對方，則很容易引發衝突和爭端。相反地，若有一方願意「先低頭、先認錯」，則可能的戰火，就會立刻平息。

## ⋙ 在人際溝通上，不能強調「非贏不可」

日本一高中校園，在校慶時，留言板上被學生用油漆噴上一現代短詩：「想輸給雨算了，想輸給風算了，凡事都必贏，唉！令我累了、厭了、也倦了……」

我們從小都被灌輸著「只能贏、不能輸」的觀念，但是在人際溝通上，不能一直強調「非勝不可」啊！如果，我們始終擺出「不能輸給風，不能輸給雨，更不能輸給你」的姿態，而且「事事講道理，最後變成事事無理」，以致人人討厭你，又有何用？

## 先給予、先付出，才能贏得友誼

日本有一家保險公司曾對東京、大阪的二十歲至四十九歲的日本人進行「人生課題的意識調查」，結果發現，不同年齡層的人都認為，「結交朋友」是人生最重要的課題。

有趣的是，人都有惰性、怯性，也都習慣於待在一個「舒適區」（comfort zone）裡，而疏於主動去結交朋友，也很少主動與朋友們連繫；每個人都渴望認識好朋友，卻吝於「先給予、先付出、先主動」伸出友誼之手。過去談得來的朋友，有多久沒連絡了？我們是否可以主動打個電話問候、關心他們？

我就曾打個電話給久未連絡的朋友，他很高興地說，他剛好要組一個「未婚男女遊沙巴」的旅遊團，有廠商贊助，邀我一起免費同行。就這樣，我與一群未婚男女到馬來西亞一遊。

所以，朋友是生生不息的「長青植物」，也是「蔓藤植物」，它可以長得茂盛翠綠，來擴大我們的生活圈。

## 「被動、不好意思」，常是人際溝通的心理障礙

或許有人會委屈地說：「我不是不友善，我只是太害羞了！」或「我很好相處，只是不好意思找你。」可是，害羞、不好意思，常是我們與別人溝通的心理障礙，我們一定要把它除去啊！

曾有一職員，在工作上犯了錯誤，當長官指責他時，他反駁說：「沒有人告訴我不能這麼做啊！」

長官聽了，很生氣地說：「什麼叫『沒有人告訴你』？你有主動問過其他同事、或來問過我嗎？如果你懂得主動請教別人，你會犯這麼嚴重的錯誤嗎？」

是的，當我們到一個新的或陌生的環境，都需要調適自己的心境，並提升與他人交往的能力；因為，在工作場合中，最忌獨行俠——獨來獨往、擺冷面孔、不主動認識別人、不主動請教他人。

其實，**和他人初次見面，愈是表現出「親和、自信、友善的特質」，愈能激起別人樂意和我們交往的意願。**

## 職場關鍵字

**用心維護人際關係：**

假如，我們需要「搶救人緣、改頭換面」，不妨試試：

1. 趕快打個電話、寫簡訊、或 e-mail 給一些久未連絡的朋友。
2. 拜託朋友一些小事，並問他，你是否可以幫他做些什麼？
3. 約些朋友來喝喝茶、聊聊天、敘敘舊。
4. 談話時，「多發問、多傾聽」，可引導對方發言，維持良好氣氛。
5. 多談論對方「感興趣的話題」，讓對方暢所欲言。
6. 多注意自己的表情，並把最愉悅的神情，留給對方。
7. 尊重對方的意見，切勿經常「否定、反駁」對方。
8. 多主動請教「對方的專長」，並適度讚美。

### 心靈充電指南

**只有「理解」，才能「和解」。**

**圓融溝通，在職場上才能處處亨通。**

**沒有人天生有義務要對我們好，而是我們要主動去關心、照顧別人，才能創造好的人際關係。**

# 28 聆聽是最重要的事

專注聆聽，才能贏得歡心；在對話的時候，不能「只說不聽」，也要懂得「製造別人說話的機會」。我們的眼神要從容注視對方、用心傾聽，因為最具說服力的人，是善於傾聽的人。

## 溝通中，最重要的是「聽」，而不是「說」

過去大一新生剛踏入校園時，身為導師的我，曾要求學生交一篇報告，內容是寫給爸媽的一封信。印象很深刻的是，一位南部來的男生寫道：

老爸，我考上大學了，不能住在家裡陪你了。你退休了，要多外出運動，不要整天都待在家裡看報紙、看電視好不好？看報紙、看電視只是「運動眼睛」，手腳都沒有運動到，那怎麼行？你很快就會老化、退化啊！姊姊已經嫁人了，你年紀也都一大把了，應該多為自己健康著想，因為即使「秀才不出門，也要在家裡做運動」啊！

還有，不要再吃那些高膽固醇的東西了好不好？我跟你講過多少次了，你老是不聽，還說我愛管你、不知孝順。你要知道，哪天你身體受不了了，可沒有人能送你去醫院看病哪！

再來是老媽，求求妳不要對股市那麼狂熱好不好？妳整天耗在號子裡，兩隻眼睛盯著股票螢幕看，倒不如多看一些大自然的風景，畢竟大自然的風景不會像股市遊戲那樣令人提心吊膽。別忘了，妳還有高血壓啊，妳的年紀不應該再承受那瞬息萬變的壓力和緊張了，否則，萬一股市崩盤了，妳怎麼辦？

媽，多年來我們母子說話老是不對頭，不知道妳有沒有發覺？聯考前，我曾厭煩地說：「好累哦，讀那麼多沒用的書，只為了應付聯考！」當時，妳對我說：「累什麼累？你又不用上班賺錢，只唸個書而已，有什麼好累的？」

我說：「讀書也是很累人啊，而且，累不一定是指身體上的累，心理上也會累啊！」可是，媽，妳記得妳怎麼對我說嗎？妳說：「心理累？鬼哦，才唸個書就會心理累？我又沒要你去標會、去賺錢，你叫什麼心理累啊！我每天為了錢四處奔波，那才叫累呢！」

媽，那時，我真不知道怎麼說下去，我總覺得妳很少坐下來，靜靜地聽我說心裡的感受；妳老是嫌我、嘮叨我、說我的不是。現在，我考上大學了，住校了，不能常和妳鬥嘴，妳一定會覺得「缺少對手」而感到無聊！不過，還是希望妳和老爸日子過得充實、有意義……

很多人都知道，溝通中最重要的是「聽」，而不是「說」。

在溝通時專注地傾聽，是一種發自內心的注意力，也是給予對方「高度的尊重」和「沉默的關懷」。因此，**溝通大師卡內基曾說：「最具說服力的人，是善於傾聽的人。」**

然而，我們經常忽略了傾聽的動作，而只顧著說話或訓示他人，就像本文中的媽媽，不能傾聽兒子的煩悶與壓力，只是一再否定兒子的話語，導致雙方溝通中斷。

我們都知道，說話是一門學問，但卻忽視了「聽話」也是現代人溝通的藝術；因此，很多人都大聲喊著——「我有話要說！」

其實，一直喊著「我有話要說」的人，只是希望別人重視他、傾聽他，並把注意力放在他的身上。不過，大聲喊著「我有話要說」的人，自己也同樣必須傾聽對方說話，畢竟溝通不能是單行道啊！

## 懂得傾聽，才能達成有效溝通

曾聽一企業主管說，有一次，他當主考官面試一群想進公司的新人；其中好幾位男女生，一進來，就把手機擺放在桌上。這主管看了，直搖頭、嘆氣！

他說：「這些人，當然不能錄用！」為什麼？因為面試時，應該很專心地聆聽主考官的問題，如果，這些人心有旁騖，心中還惦記著手機，那……對不起，我們不要聘請一位不懂傾聽他人、不懂尊重他人的員工。

事實上，**漫不經心地聽對方說話，只能算是「聽」；而認真、仔細地聽對方的每一句話，才算是「傾聽」或「聆聽」**。

溝通時，我們必須將「聽」轉變成「傾聽」，讓對方知道，我們正在很注意地聽他說話；同時，眼神從容自信地看著對方，也給予適度的回應，並對對方所講的內容表示興趣……這些都是能增進人際溝通的基本態度。

另外，在談話時，若能在心裡「回顧一下對方的話」，並「重複其中的重點」，也是很好的技巧。例如：

「您剛剛說的××論點都很棒，真的很值得學習……」

「現在我明白了，您認為……我真覺得很有道理！」

「如果我沒聽錯的話，我想您的意思是……我滿贊同的！」

曾有個女孩說，她以後絕不嫁給「媽媽是當老師的男生」。為什麼呢？這女孩說：「因為，當老師的人都是一直在管學生，也都『只說不聽』，只會命令學生，不聽學生意見；所以，當她教一輩子書，教到兒子長大要結婚時，她的耳朵已經失去『聽的功能』了。而找一個『只說不聽』的人當婆婆，是很可怕的事！」

哈，沒那麼嚴重啦！我媽就是當了一輩子老師，耳朵也還很好啊！不過，這倒是給我們當老師的人一個警惕——不能「只說不聽」。

而聖經也告訴我們，**「你們要快快的聽、慢慢的說、慢慢的動怒」**，這樣，我們的耳朵才不會失去功能哦！

## 職場關鍵字

**有效溝通：**有效溝通的第一步就是「專注傾聽」，最主要的目的是「理解對方的需求與想法」，才能進一步提出適合的解方。千萬不要將重點放在「對錯」上，否則問題還沒解決，對話卻已經變成爭論輸贏了！

### 心靈充電指南

**多帶著耳朵去聽別人的聲音，也多製造對方說話的機會。**

**史蒂芬・霍金曾說：「人類最偉大的成就來自溝通，最大的失敗來自不願溝通。」**

**最具說服力的人，是「善於傾聽的人」。**

# 29

# 帶領團隊之前，先學會做好小螺絲

市面上有很多課程、書籍，都教我們如何「領導統御、管理別人」，但由於我們太過重視「領導」，而忽略「被領導」，以致較少思考如何做個好部屬……

## 懂得被領導，才能領導別人

日本奈良有一寺院，外觀造型十分典雅，四周環境也非常美麗，可是，寺院屋頂上卻放置著一片無用的瓦片。

來參訪的人，看到此景，都覺得很奇怪；就有一人問住持：「為什麼這麼美的寺院屋頂上，還放著沒有用的瓦片呢？怎麼不把它拿下來？」

住持說：「我們寺院的造型很完美，環境也很漂亮，但恐遭天忌，所以故意留個無用的瓦片，作為破綻。」

這……這是什麼邏輯？因太完美了，恐遭天忌，而故意留破綻？

但仔細想想，卻有其哲理。莊子「伐木哲學」中曾提到——「無用沒人理，有用被人砍」；如果鋒芒太露，始終是第一名，很風光、出盡鋒頭，就可能遭忌，也可能被砍呀！

記得我曾經應邀參加一項頒獎典禮，其他頒獎人包括某政府高層單位的「主任」和「副主任」。其實，他們兩人都是教授級的知名人士，但事前並不知道同時受邀，直到會場時，才曉得兩人竟是同台演出。

在那個不是很大、但場面很溫馨的場合，「主任」被司儀邀請，上台致詞講話，恭喜所有得獎人，也勉勵沒得獎的參賽者再接再厲。說實在的，該主任的口才不太好，準備也不充分，上台講得有點結巴。

接著，司儀又邀請「副主任」上台致詞。可是，坐在台下的副主任，一直謙辭，說「不用了，不用了，我沒什麼話好講」；司儀再次邀請，但副主任還是客氣地說：「抱歉，我感冒，喉嚨不舒服，不用了，謝謝！」

於是，司儀就開始進行各項頒獎儀式。

事實上，那天副主任並沒有感冒，而且也已準備好致詞講稿（因會前我們聊天而得知），可是他為什麼不上台講話呢？因為，副主任的口才很好，也有充分準備，但他沒想到主任也應邀來參加；既然老闆已經上台講過話，他覺得，我這個「副手」就不能再上台，免得在台上講得太好，掌聲連連、搶盡鋒頭，而把老闆比下去了。

## 想做老大，必先學習做好老二

乍看「寧有缺點」「寧為老二」的說法，似乎有點「阿Q」或「不積極」的意味；然而，它真正的意涵卻是——**「不要汲汲營營強出頭」「做好老二，才能做好**

**老大」**。

我們從小到大，受到父母師長的期盼，希望能「成龍成鳳」「寧為雞首，不為牛後」，才能光耀家門；而且，市面坊間有許多課程、書籍、資訊，都教導我們如何「領導、統御與管理」，可是，由於我們太過重視領導，而忽略「被領導」，以致我們較少思考「如何做一個好部屬」，如何當個稱職的老二、老三。

**亞里斯多德說：「從未學會服從的人，不可能成為好領導人。」**

的確，在溝通時，不能「強出鋒頭、爭當老大」；也不能表現「太過傑出、鋒芒太露」，而凌駕上司，甚至使得上司顏面無光。我們必須適時扮演好自己的角色，並學習「能大能小、能有能無、能進能退、能高能低」。

因為，「做老大」之前，必先學習「做好老二」；而且，「多聽別人說話，別人才會聽我們說話。」

## 學習察言觀色，適時控制自我表現慾

據說關公死後，玉皇大帝命他守住「南天門」，以防小人逃脫出境。關公生前最講「忠義」，也最痛恨一些「巴結逢迎、諂媚拍馬」的小人。

一天，有個小人，沒有出入境護照，鬼鬼祟祟地想矇混過關，未料被眼尖的關公逮個正著。此時，那小人對著關公說：「關老爺啊，您不用生氣嘛，我知道，您在世時是最正直的人，現在也是一位最正直的神，我和您一樣，也非常痛恨那些諂媚逢迎的小人；所以，普天之下，我真的最崇拜、最敬仰的人，只有您一人啊！」

只見關公頻頻頷首，拈鬚微笑，接著手勢一揮，也不查問，就讓那小人順利過關而去。

在人際溝通中，話一多，等於是與別人搶鋒頭，常常惹人厭。而若有上司、老闆在場，還是話很多、或滔滔不絕，更會搶盡上司鋒頭，而讓上司感到不悅。因此，我們必須學習察言觀色，也培養敏銳的觀察力，適時控制自我表現慾，千萬勿忽視「老大」的存在。

當部屬的人，還必須特別注意，千萬不能給老闆漏氣，也不能隨意反駁老闆；在有異議時，必須勉為其難地忍著，不能當眾「吐老闆的糟」。

事實上，有些聰明的部屬，是屬於「大智若愚型」的，他們懂得在老闆面前「裝傻」「認真聽話」「不斷點頭」，這麼一來，就給老闆留下深刻的印象；畢竟沒有一個老闆願意聽一個「自命不凡」「自以為是」的傢伙說話呀！

而除了裝傻聽話之外，有些人更懂得「諸葛借箭」，懂得借用「老闆所說過的重點」，加以複誦，則一定會使老闆有「受重視」的感覺，進而對他產生好感。

## 職場關鍵字

**向上溝通：**在職場上與主管溝通不順，往往會讓人感到挫折，甚至開始自我懷疑。要如何與主管建立良好的溝通管道，或許可以從「換位思考」開始。先了解主管工作的原則與需求，例如行事風格、習慣的溝通方式、對職務的預期目標等，才能更精準找到重點，也有助於你與主管建立良好的溝通。

另外，隨時跟主管更新工作進度，讓他理解你的工作進展；而在有疑問時，最好先設想不同解決方案，讓主管「決策」而非由他「解決問題」，注重這些細節，也能讓你的職場更加順利！

### 心靈充電指南

- **學習察言觀色，適時控制自我的「表現慾」。**
- **想做老大，必先學習做好老二。**
- **別給老闆漏氣，也不能當眾「吐老闆的槽」。**

# *NOTE*

# PART 4

# 職涯迷茫是必經之路

工作占據了人生一大半的時間，
過程中總是跌跌撞撞，
偶爾有迷茫，
甚至會面臨改變一生的抉擇，
要如何處理也是人生重要的課題。

# 30 面對職場起伏，如何應對？

離巢單飛的鳥，要避過風暴！一個走鋼索的人，若走得太快、太急，一不小心從高空跌了下來，換來的，不是掌聲，而是觀眾的搖頭、嘆息聲啊！

## 人很怕驕傲、也很怕得意忘形

有一位賴姓營造公司董事長，手下有三、四百多名員工，在全台各地承攬許多工程。當然，事業做得超大，被稱為是「董仔」，真的很風光，也是人人所羨慕的！而這位「賴董」因事業做得出色，自然交際應酬也多，再加上他個性豪爽，喜歡結交朋友，出手又十分大方，有時一次吃喝玩樂請客，出手就是六十萬元。

賴董在事業高峰期，結交不少黑白兩道的朋友；好朋友固然可以互相幫助，但也有「近墨者黑」的壞朋友，以致使他一度吸毒，最後連事業也被拖垮了。

後來，賴董曾轉往大陸，在產製輪胎的台商公司中任主管職，但因志趣不合，而回到員林老家；可是，人到中年，找不到合適的好工作，只好在路邊當起小販「賣椰子」。

從昔日一日揮霍六十萬元的董事長，變成「賣椰子的小販」，當然引來不少親朋好友的異樣眼光；但「賴董」說，他不怕別人嘲笑他，因職業不分貴賤，光明正大靠雙手賺錢，一天賺兩、三千元，養家活口也夠了！

而今，「賴董」勸年輕人不要好高騖遠，也不要羨慕別人有錢，凡事必須「紮實謹慎、腳踏實地去做」；而只要努力，儘管曾經受挫跌倒，他日依然可以東山再起、再展雄風！

「賴董」的故事，讓我想起在台灣奉獻一生、從事英語教學的趙麗蓮博士。趙博士於老年退休前寫了一篇「臨別贈言」，送給台灣的年輕學子，其中一段說——

**「你們就像幼鳥，不久將離巢單飛。我的希望是，你們不要飛得太高而招致危險，而是要平安順利地飛過生命中的所有風暴。」**（Like young birds, you are soon to leave this nest and fly alone. My hope is that you will not fly too dangeroursly high, but will smoothly and safely through all the storms of life.）

的確，人生中有無數的風暴，我們都必須小心應付、平安度過，不能「暴起暴落」，或把自己撞得鼻青臉腫、甚至摔得粉身碎骨！

就像是一個「走鋼索的人」。走鋼索，看起來真的很恐怖、很可怕，是不是？一個敢站上鋼索的人，靠的是「勇氣」；可是，要走完全部鋼索，就需要「技術」與「智慧」了！

假如走鋼索的人太急躁，一不小心從高空跌了下來，換來的，只有觀眾的搖頭、嘆息聲；然而，只要小心翼翼、謹慎踏穩每個腳步，慢慢地走完全程，就會親耳聽見「如雷的掌聲與喝采」。

## 謹慎規劃，大膽行動

台灣有句諺語說：「猴也會跋落樹腳」，也就是說——經驗再怎麼豐富、能力再強，人都會有失手的時候；就像很會爬樹的猴子，一不小心，也會掉落樹下！

當然，人要不失手很難，但我們不能過於「自傲、自恃」，必須更小心謹慎，使自己失手的可能性降到最低，才能安然度過人生中的無數風暴。

美國南加州大學附近有個加油站，當學生開車前往加油時，偶會看到一位文質彬彬、大約七十歲的老人，前來幫忙加油；而有些學生還會稱這老人為「Doctor」或「Professor」。

為什麼要稱加油站的老人是「博士」或「教授」呢？原本這老人在年輕時代是「真空管理論與技術」的權威，當時炙手可熱，在大學當教授人也很紅，發表過無數的真空管理論，也擔任許多企業的技術顧問。可是，當「電晶體」的概念出現而逐漸被應用時，這老人一直固守舊觀念，不願意改變！直到有一天，真空管不再被使用時，企業界、學術界不再聘用他了，他也就因此而失業。

後來，這老人移居南加州大學附近，而為了打發老年的無聊時間，他主動到加油站來幫忙，也賺些外快。

人的生命有起有落，一個博士大紅人，若不進修、不改變、不自我改造的話，有一天也會落伍，最後遭到「被淘汰的命運」。

所以，我們都必須「為明天多存些本錢」，不能因過度自信、自傲，而不再進步！有時，我們會後悔地說：「早知道就多唸點書、多努力點」「早知道就多學一些技術」「早知道就不要太粗心大意！」

可是，「千金難買早知道啊！」人生的意外總是讓人措手不及，也給我們一些「不能承受之重」，以致讓生命「大大升起、重重跌落」！

不過，**只要我們「每一天都是覺醒」，也擁有「銳不可當的信心」，不斷學習、不斷進步，我們的生命就會「發光、發熱」，而不會被淘汰，也不會變老！**

## 職場關鍵字

**工作低潮：**不論是職場或是人生，總會有起伏，但當你陷入工作低潮，不妨先慢下腳步，先調整身體與情緒，之後重新檢視工作狀態，並且別讓自己陷入「想得太多、做得太少」的狀況。

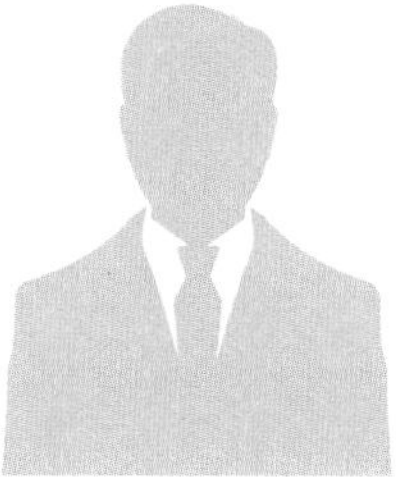

### 心靈充電指南

**大水沒有波浪，無以見其雄勁；人生沒有波濤，也只見其平庸而已！**

**跨出去的腳步，大小不重要，重要的是方向。**

**「怎麼做」比「怎麼說」來得重要！**

# 31 挖掘潛力，發揮自我價值

生命，是一種不斷進攻的遊戲，其實，上帝都賜給每個人很多能力和才華！只待我們自我開發，但在擁有能力的同時，也要面對壓力、毫不退卻，才能找到展現的舞台啊！

## 千里視物——每個人都有自己的天賦與潛能

曾有外電報導，德國柏林有個小女孩維倫妮，曾經告訴大人們：「你們看，天空中有一對很可愛的小鳥在飛翔耶！」大人們聽了，都感到很奇怪，因為天空中「空無一物」，什麼都沒有，怎麼會有「一對可愛的小鳥」在飛翔？真是「秀逗」、頭殼壞去了！

後來有個大人拿望遠鏡，對著小女孩手指的方向看了半天——天啦，真的有一對肉眼完全看不見的「蒼鷹」，在極高的天空中快樂地飛翔！這……這小女孩維倫妮的眼睛，怎麼會如此厲害，看得見「別人完全看不見」的細微東西？

事實上，維倫妮從小就擁有一雙「超好的眼力」，可是，她常常被其他小朋友譏笑「神經病」「愛撒謊」「胡亂編造」……因為他們不相信維倫妮看得見「螞蟻正在撒尿」「細菌正在跳著S型的舞」等等不可思議的景象。

後來，有一位德國生理學家為維倫妮的眼睛，做了一番徹底的檢查和研究，也證實了維倫妮的雙眼，確實具有「蒼鷹眼睛」般的視覺能力，這種眼睛，千萬人之中也難得一見！

多年後，維倫妮成為柏林當地一位很有名的牙醫；而她的一雙特殊超好的眼睛，使她不需要借助任何儀器，就能準確地找到病人牙齒上的小蛀洞，而迅速地完成修補蛀牙！

另外，維倫妮也迷上了「微雕藝術」，她曾在一本麻將牌大小的微型書上，用極細微的針尖，寫上「三十七萬個字」。別人看這些字，一定要用放大鏡仔細看，可是，維倫妮在寫這些字時，是不用放大鏡的。而這樣的功力，全世界可能也只有維倫妮一人而已！

不過，擁有超細微的好眼力，到底是好，還是不好呢？如果我們也有如此好眼力，可以看到我們的手指頭上，有好多「細菌」跑來跑去、看到我們的棉被上，有無數的「塵蟎」，正在蹺腳睡覺；照鏡子時，也可以看見蛀牙中，有許多蛀蟲正在啃食我們的牙齒……媽呀，這是多麼可怕啊！

所以，維倫妮說，她寧願自己的眼睛能變得「模糊一點」，因為，「有時看太清楚了，反而沒有美感！」不過，她依然感謝上帝，賜給她異於常人的超好眼力，讓她能做些別人做不到的精細工作。

## 自己就是一座寶藏，只待用心發掘

其實，我常在想，每個人都有「能力和潛力」，有人會唱歌、有人會彈琴、有人會賽跑、有人會打球、有人會演講、有人會畫畫、有人會木工、有人會廚藝……

可是，也有人關在「自我設限的牢籠」、或「貪婪的牢籠」，未能發揮自我潛力，而一事無成，這是多麼可惜啊！我們雖然沒有天生的特異功能，但我們仍可努力激發潛能啊！所以——

**「沒有開始，夢想就永遠不會實現！」**

**「積極學習、勇於冒險，就會發掘潛力！」**

在醫學界中有一句話說，卓越的外科醫師，最好具備三項條件——

一、「老鷹的眼」：眼力佳、觀察敏銳、診斷精確；

二、「獅子的心」：心胸寬大、病人至上、積極進取、勇往直前；

三、「女人的巧手」：手藝細膩、技術精湛。

當然，我們不可能都有優秀的外科醫師的絕佳條件，不過，每個人也都有自己的特長和才華，因為，「自己就是一座寶藏」，都值得自己不斷地挖掘、並且加以發揮。

## 職場關鍵字

**工作價值：**工作的目的是什麼？工作佔據人生很長的時間，有空不妨思考看看這個問題，有些人是為了達成夢想而工作、有些人是為了賺錢養家而工作，透過釐清自己的工作價值，設定目標，並將這些結合自己的職涯規劃，才能寫下自己所期望的美好人生！

### 心靈充電指南

**記得，你從頭到腳都是寶，你是餓不死的，你有無窮潛力！**

**若我們一生毫無成就，虛度光陰，就像「揮霍黃金、未買一物」一樣地可惜！**

**「Performance = Potential – Interference」一個人的「成就表現」，是由自己的「潛力」，扣除自己的外務「干擾」，而計算出來的。**

# 32 找到自己最適合做的事

從學生時期開始，我們其實一直在探索自己的個性、興趣、天賦及專長，而到了出社會後，則是要尋找最能發揮自己能力、最擅長的工作。找到最適合自己的舞台，才能綻放出耀眼光芒。

## 她靠「罵人、教訓人」而賺大錢！

在美國加州，有個女孩名叫羅拉（Laura Schlessinger），從小就很有正義感；當她在小學擔任小小糾察隊員時，看到小朋友亂丟紙屑、或在牆壁上亂塗鴉時，她就會上前嚴詞制止；當她在圖書室看到小朋友把百科全書撕破時，也會向圖書員、甚至跑進校長室報告。而當她在旅遊地區參觀古蹟時，若看到旅客不守秩序、跨越參訪警戒線，她也會非常生氣，並以警衛姿態，上前干預。

羅拉，就是這樣一個充滿正義、愛管閒事的女孩，有人認為她「很雞婆、很無聊」，但也有人很欣賞她「直往直來、不畏人言、挺身而出」的個性。

您知道嗎？羅拉這種「看到什麼事不順眼，立即勇敢上前干預、指正」的性格，逐漸地受到矚目，也引起許多人的正面迴響。後來，她拿到博士學位，也成為一個傳奇性的人物；她的網站十分轟動，大家爭相上網，也造成曾有「三十一萬人次同時間上網而當掉」的紀錄。

羅拉在電台節目中，大膽批評美國社會的各種亂象，也譴責知名人物自我中心、不負責任、拈花惹草……等等陋習，極受歡迎，也在美國造成「羅拉旋風」。在節目中，有許多聽眾打電話前來求教，但有時卻被羅拉嚴厲地痛斥教訓一頓；儘管如此，每天都有五萬人排隊想跟她講話，而其他在收音機旁大呼過癮、或捏把冷汗、或火冒三丈的人，則高達一千八百萬人。

哈，連「罵人、教訓人」的節目，都有一千多萬人聽，難怪羅拉被譽為「最受歡迎的女性電台脫口秀主持人」。而她的節目在全美四百五十多個電台播放，她的專欄文章，在五十多份報紙與讀者見面；她的著作十多本，更是常躍居暢銷書排行榜。接著，她也出版了自己的雜誌《羅拉博士展望》，而且開闢了自己的電視脫口秀節目。

《時代雜誌》曾訪問她：「請問，您成功的因素是什麼？」羅拉回答說：「大概是我對是與非的道德直覺吧！」

羅拉說，她每天在電台裡接聽全美國各地聽眾打電話來請她「明斷是非」，她真是如魚得水！她說：「我很高興找到一輩子最適合做的事！」

## 找到自己的舞台「大顯身手」

我常在想，我們一生中，是不是能找到「自己最適合做的事」，來發揮自己的才華？如果是的話，我們真是和羅拉一樣「如魚得水」，能在工作中，快樂地展現自己的才華和能力！

相反地，如果我們做一些自己不喜歡的工作，每天愁眉苦臉、虛應敷衍、得過且過，則日子一久，就像不快樂的王打鐵一樣：「叮叮噹噹，每天煉鋼，時辰一到，我往西方。」

有一句客家諺語說：「三十窮苦，四十不富，五十找死路。」

想想，一個年輕人，若好吃懶做，到了「三十歲」還沒有一技之長，豈不是窮苦過日？到了「四十歲」，還找不到自己適合與喜愛的工作，來發揮所長；而且老大不小了，還一事無成，則轉眼間，當「五十歲」悄悄來臨，就可能只剩下可怕的「死路一條」呀！

☀

每一次到了海邊，我就有一股衝動，想說是不是可以在海邊買一間房子，或蓋一棟別墅，每天過著看海、看日出、看夕陽、看晚霞的日子。可是，假如真的搬到海邊，真正體驗到海邊的強風、潮溼或高鹽分，甚至交通不便、生活機能不佳……才會發現海邊可能不適合人居住。

**人總是要去體會、去嘗試、去經驗，才知道自己適合居住在哪裡？或才知道自己適合做哪些事？**所以，有些人「騎驢找馬」，一邊工作，一邊尋找更好的工作；但也有人「棄驢找馬」，大膽放棄工作，專心一致地找更合適的工作。

另外，有人乾脆不要馬了，「只騎驢子」算了，至少牠還能走，慢慢走；只要有個小工作就算了，騎馬跑那麼快幹嘛？可是，有時驢子生病了，走不動了，怎麼辦？只好拖著驢子走，或跳下來，自己走！

其實，人還是需要有一匹「好馬」，讓自己「跑得快、跑得遠」。人不能一直「騎著病驢」，或始終苦苦地「徒步走路」啊！

人總是要找到適合自己專長的工作，來發揮自己的才華，而不能只是「混」日子啊！

所以，曾在餐廳裡駐唱的張惠妹，也是勇敢地參加歌唱比賽，過關斬將，勇奪五度五關，才能嶄露頭角，逐漸躍上大型舞台，最後成為知名國際巨星！

因此，一隻小白鴿，若只是原地踱步徘徊、低頭啄米，而不知振翅高飛，就不能找到自己的天空！

**人也是如此，一定要「找到自己的舞台」，才能翱翔天際啊！**

## 職場關鍵字

**自我探索：**自我探索其實是一輩子的課題，找到自己擅長的事情也絕非易事，但是「了解自己」絕對是最重要的一步。我的個性是怎麼樣的？我的興趣是什麼？我的能力與專長是什麼？以此為出發，多方嘗試，培養能力，才能確定自己最適合的位置在哪裡！

### 心靈充電指南

**只要有才華、有專業、肯投入，人人都是自我生命的天才。**

**每個人都要學習「擁有目標，努力圓夢」；也要找到自我興趣，秀出最棒的自己！**

**人沒有選擇出生環境的權利，卻有創造生活環境的權利！**

# 33

# 訂定目標是最棒的規劃工具

大樹的成長，來自一顆小小的種子！
遠大的目標，從一個最小的計畫開始，夢想會不會成功？計畫會不會實現？這都要靠自己打拚、自己努力！

## 訂下目標，才不會迷茫無措

某一年年底，有一位報社女記者打電話給我，問我說：「戴老師，每當新的一年到來，很多人都會許願，或豪情壯志地訂新的計劃，可是到了年尾，或到了年中，就不了了之，願望或計劃就成為『泡影』，這該怎麼辦？我想寫篇這個專題……」

的確，每個人都會許願，也都有夢想，但並不是每個人都能夠「美夢成真」

「心想事成」啊！這女記者的問題，讓我想起一則故事——

在春秋時代，楚國有個神射手名叫「養叔」，他的箭法奇準，能夠在百步之外射中樹上的葉子或小鳥。楚王知道養叔百發百中的射箭本領之後，十分羨慕，就禮聘他來指導射箭技巧。當然，養叔就把射箭的方法傾囊相授，而興致勃勃的楚王也勤練了好一陣子，而逐漸得心應手；不久，楚王就邀請養叔和一群隨從，一起到野外山區去打獵。

一開始，楚王就叫人把躲在蘆葦裡的野鴨子趕出來；野鴨被人一驚擾，嚇得振翅亂飛，於是楚王立即搭箭拉弓，準備強力射出！可是，這時樹叢中突然跑出來一隻山羊；楚王心想，一箭射死山羊比射中小野鴨來得好看多了，所以，楚王決定改射山羊。

不過，此時岩石旁又跳出來一隻梅花鹿！楚王又想，梅花鹿比山羊有價值多了，我來射死梅花鹿好了！於是，楚王就把箭頭轉向梅花鹿。可是，這時候，大夥一陣驚叫，因為樹梢竟飛出一隻極珍貴的「蒼鷹」，正展翅飛向空中。然而，正當楚王將弓箭瞄準蒼鷹時，蒼鷹卻快速地飛走了！

唉，楚王嘆個氣，只好悻悻地回過頭來射梅花鹿！可是，這時梅花鹿已經不見了，山羊也早就溜走了，連一群跑得慢的野鴨，也都飛竄得不見蹤影了！

此時，現場一片寂靜，沒有人敢笑，因為，一大夥人看著楚王一直拿著弓箭，在半空中瞄來瞄去、比劃半天，可是，卻什麼都沒射到，只好垂頭喪氣地把弓箭放下、敗興而歸。

我們不能「這個想要、那個也想要」，結果「兩手空空、什麼都要不到」。

## 階段性、具象化的目標，才有實踐方向

「許願，不是許給老天爺聽的，老天爺絕不會平白無故，讓我們如願以償！」。「訂計劃」，也不是隨口講講、朝三暮四，就能實現的！許下願、訂下計劃，都是「說給自己聽的」，我們都必須**「全心全力、付諸實踐、不屈不撓、堅持到底」**，才能讓夢想實現呀！

所以，許願時，不能夠「抽象化」（例如：「我將來一定要環遊世界」），而是要讓願望能夠「具象化」（例如：「我今年要出國旅遊兩次」「我這個月一定要讀兩本書」「我今年七月一定要考上大學」或「我年底前一定要把自己嫁出去」……）

有了「具體、具象的目標與時間表」，人就可以強迫自己努力「向著前面標竿直跑」，勇敢地去實踐、去完成！

## 天助不如自助，命運由自己決定

台塑創辦人王永慶先生曾說，他一生中沒有請人看過相，因為，過去的命運怎樣，自己都已經知道了；而未來的命運如何，要靠自己打拚、自己努力！看相、算命又有何用呢？而台塑公司一名高級主管也說：「台塑企業的經營，注重科學化的管理，因此，不談風水、不看黃曆，也不拜拜！」

一個人的成功，絕不是靠著祖先的庇蔭，也不是靠地理風水的好壞，更不是靠拜拜；人的成功是靠自己的「專注付出」與「不停歇的努力」啊！

因此，許願，向上蒼許個願，要許什麼願呢？許什麼願都好，但最重要的是—**我們要有「實踐的動力與毅力」，也要有「追求卓越的人生態度」！**只要開啟「專注與持續」的內在潛能，一次專心做一件事（One step at a time, one thing at a time.），人的目標就能逐漸實現！

卡內基訓練負責人黑幼龍先生曾說——**「夢想＋時間表＝目標」**。

的確，許願，應該是許給自己聽、叫自己按照時間表去努力完成的，而不是許完後，等著它自動實現，或天上掉下來的！

**因此，「要相信自己，也要堅持當初訂下目標時的激情！」**

## 職場關鍵字

**設定目標：**網路上有許多教你如何訂定目標的經驗分享，綜觀所述，其實最常見的便是「目標要具體明確」「設立階段性目標，內容可量化、評分」「訂定完成期限」……等，透過紮實穩健的努力，一步一步達成自己當初規畫的願景。

有餘力的話，也可以先設想有可能會遇到什麼困難、該如何解決等，讓實踐的過程能夠降低阻礙、更加順遂。

### 心靈充電指南

**不能下定決心今天就開始的事，常常就沒有開始的一天！**

**假如我無所事事地白過一天，自己就像犯了竊盜罪一般。**

**「想法的大小，決定成就的大小。」只要肯努力，每個行業都有成功、頂尖、傲視群倫的人啊！**

34

# 職場初心者——大公司好？小公司好？

該去「大公司」還是「小公司」？這或許會是很多人的疑惑。有些人說大公司制度完善，有些人說小公司自由度高。但無論是哪一種，最重要的還是評估自己的能力、考慮自己的狀態與想法，選擇最適合自己的才是正確答案。

## 不要拿自己的標準給人壓力

有一個男生，名叫「小豆苗」，最近和女友吵架了！為什麼？因為，前些時，小豆苗到一家電腦公司應徵工作，可是一個月過去了，一直沒有接到「錄取通知」。對此，女友感到十分不解，因為小豆苗出國唸書之前，就有四、五年的電腦工作經驗，現在又拿碩士學位回國，「學經歷和條件」都很符合那家公司，可是，怎麼會不被錄取？

所以，女友很關心地問小豆苗：「你的面試情況怎麼樣？他們有沒有問你薪水要多少？」

「有啊！」小豆苗說。

「你是不是薪水要求太高了？」

「可能吧，可能我薪水要得太高，把他們嚇到了，不敢錄取我。」

「那你要了多少？」

「一個月三萬五！」小豆苗說。

「啊？你說什麼？一個月三萬五？……拜託你好不好，你一個月要三萬五？」

女友驚訝地說。

「對啊，可能要得太多了！」

「你……你真是丟臉丟到家了！你已經有四、五年的工作經驗，又有國外碩士學位，去面試才跟人家要三萬五？你又不是大學剛畢業、沒工作經驗的新人，電腦你又那麼專業、那麼在行，你怎麼才開口要三萬五？真是丟臉丟死了！」

「喂，妳幹嘛罵我啊？」小豆苗不悅地說。

「拜託，你是男人耶，一個月三萬五，一年才多少？你不覺得很丟臉嗎？如果只要這種薪水，那你還出國唸碩士幹什麼？大學畢業，工作五、六年早就有了！」女友很不高興地說：「你不要『志向那麼短淺』好不好？出過國的男人耶，有點『大志向』好不好？……如果我告訴別人，我男朋友去面試時，薪水只要求三萬五，那不被笑死才怪！人家曉倩的男朋友，一個月的薪水，都快比你一年還多！」

沒被錄取，小豆苗已經夠難過了，加上女友的揶揄、嘲諷，心裡更是生氣；他委屈地說：「我覺得做事應該穩紮穩打，先求被錄取、進公司，再來努力求表現、求升遷；當他們知道我很有能力、做事又很積極時，自然會給我加薪啊！我怎麼可以在還沒進公司之前，就向人家獅子大開口呢？況且，現在經濟又那麼不景氣！」

「可是，你不覺得你這樣是很『沒自信』的表現嗎？你有學經歷、又有能力，根本不只值三萬五啊？你只要這麼一點錢，我們結婚的話，你怎麼養得起我啊？」

「現在很多都是雙薪家庭啊！」小豆苗說。

「話是沒錯，可是一個月三萬五，扣除房租、生活費、交通等等雜支，根本就不夠用，更別想要買車子、房子！」女友愈說愈大聲。

「可是，我覺得省吃儉用的話，三萬五也很不錯、很夠用啊，很多人的薪水都比三萬五還少呢！」

「拜託，你這個男人有點眼光、有點自信好不好？你為什麼要去跟『比你差的人』來比呢？也有人的薪水只有二萬多啊，那你乾脆說，你只要兩萬就好了！」女友氣呼呼地說。

「對啊，我就是後悔要得太多了嘛！」

「你……你真是豬耶，跟你講還是講不聽，人家根本就是瞧不起你，覺得你自己連一點信心都沒有！你知不知道，薪水要求多少，是代表你對自己的信心耶，你根本就是怯懦、沒自信、沒大志向、沒出息！」

「妳自己才見錢眼開、愛慕虛榮咧，妳要那麼多錢幹什麼？莫名其妙！」

就這樣，小豆苗和女友分手了！

## 大公司？小公司？好壞沒有絕對

我認識一個朋友，他為了進入知名的「台塑公司」工作，不惜接受低薪待遇，當一名「小職員」；因他相信，自己是個「千里馬」，一定會有「伯樂」賞識他、提拔他。而先前空出此職位、離職的那人，想法卻剛好相反——他要「到小公司當大職員」！因為，公司雖小，但職務高、薪水好，也可以有更多發展的機會。

俗語說：「一種米，養百種人。」的確，到底先到大公司、還是小公司？你我的想法可能都不同，因為每個人都有自己的「角度和著眼點」，這實在不能說到底是「誰對誰錯」呀！

而一個人在初進社會、或求職的階段，心情是絕對需要鼓勵的！您可知，人最痛苦的事，莫過於「自己的長處不被另一半欣賞」、或是「自己最慎重的決定，不被另一半支持，甚至被大潑冷水！」不是嗎？

## 職場關鍵字

**選擇工作：**大公司或小公司之爭，每個人都有不同想法，但回歸到起點，就是「選擇工作」。不妨思考一下，自己目前的目標是什麼？希望在工作上獲得什麼？未來想成為什麼樣的人？或許能讓你更清楚自己目前所需要的職場環境，做出最佳選擇。

### 心靈充電指南

**沒有什麼不可能的事，只有不可能的想法！**

**現在站在什麼地方不重要，重要的是，你往什麼方向移動？**

**你可以學得少、學得慢，但絕不可以停止！**

# 35 人生轉捩點——轉換跑道的勇氣

收穫與榮耀是留給敢冒險的人。「危機，是在放棄行動之前；奇蹟，是在堅定努力之後。」勇於突破，做智慧的抉擇，才能讓自己面臨的「危機」，轉化為一生幸福的「奇蹟」！

## 人要勇於「突破」，才能闖出一片天

曾有記者在採訪時詢問道：「戴老師，有沒有哪些事是改變您一生的重大決定？」

我想了一下，回答道：「有，就是我決定辭去電視台記者，赴美國攻讀博士學位。」

年輕時，我曾經努力讓自己以第一名的成績，考上台灣「中華電視台」的記者，擔任新聞採訪工作；可是當了一年之後，突然被長官調職，改負責外電新聞編譯的工作。當時，我很挫折、沮喪。半年後，長官又把我調回採訪組；不過，此時我已申請好美國奧瑞崗大學博士班。在華視工作滿兩年後，我辭去記者職，遠赴美國讀書，重新當起學生。

三十年前，電視新聞事業尚不發達，要當上電視記者是十分困難的，因為記者能每天跑新聞、上電視，總是光鮮亮麗、人人羨慕；然而，我卻勇敢、毅然地辭去記者職務。

當時，很多人勸我不要衝動，畢竟電視記者待遇好、人脈廣，知名度又高，別人考都考不上，為什麼我想不開、要辭職？不過我認為，我一直夢想當電視記者，我以實力考上了，也做到了。只是，後來發現，我的個性不適合一直跑新聞、挖新聞；我每天一直拿麥克風訪問別人，但有一天，我要別人來訪問我。

我在父母、朋友的反對下，真的辭去電視記者高薪的工作，赴美唸書，也在三年之後，拿到了博士學位。也因此，返回台灣之後，我獲聘任世新大學口語傳播系的系主任。就因為「明明別人不看好、不贊成，我卻勇敢去做到了」——這一重大決定，改變了我的一生！

在擔任大學系主任時，我認真寫文章，陸續地集結成書，竟成為「暢銷書作家」，在華人地區也四處受邀演講。然而，要不是年輕時果斷、豪不留戀地辭去電視記者職，我不可能與廣大的海內外讀者們結緣。

## 念頭一轉，將危機化為奇蹟

在我成長過程中，有三次的重大轉折：

一是，在退伍後，為了出國唸碩士，辭掉大傳協會秘書工作，專心在台大圖書館K書一年多，才考過托福考試。

二是，在華視工作兩年後，我毅然辭掉記者工作，再度赴美攻讀博士學位。

三是，在擔任四年世新大學口語傳播系系主任之後，決定辭職，成為專職文字工作者、演講者。

這三次的「辭職」，我都未曾有「留職停薪」的念頭；因為我認為，離開原工作就是為了「往前衝刺」，要「破釜沉舟、打斷退路」，有「非得成功不可」的信心與決心！絕不可以安慰自己說——「萬一我做不好，可以再回原單位工作。」

**「危機，是在放棄行動之前；奇蹟，是在堅定努力之後。」**

人的一生，有些重大決定，改變了命運。這命運，有人光輝燦爛，平步青雲；有人一敗塗地，遺憾終身。然而，有智慧的人，必須看好自己、勇於突破，並做智慧的抉擇，讓自己可能面臨的「危機」，轉化為一生幸福的「奇蹟」。

所以，**「不行動，常是最危險的行動啊！」**

曾聽過一則寓言故事——唐三藏在計畫前往西方取經時，曾詢問一些馬匹：「誰願意陪我去西方取經啊？」很多匹駿馬聽了，想一想：「哇，要走幾千里路，還要背載著唐三藏，一路上一定又渴、又累，很辛苦！」所以，大部分的馬兒都搖搖頭，說：「算了，我們還是留在主人的家裡，每天圍著圈圈，打水、磨豆、做些農事算了！」

後來，只有一隻馬匹答應：「好啊，我去吧！我願意背騎唐三藏到西方，也看看外面的世界，再苦也值得……」於是，這匹馬，就成為唐三藏的座騎，和孫悟空、豬八戒一起前往西方取經。

當然，一路上千辛萬苦，但這匹馬始終默默、忠實地背載著唐三藏，平安度過重重難關；最後，終於抵達西方取經，而後又載著唐三藏回到原來的出發地。

一天，留在主人家的馬兒們，看見過去的馬弟兄回來了，就問牠：「你一定累垮了吧！」唐三藏的座騎馬點點頭，說：「是啊！」

留在家的馬兒們又說：「我們輕鬆在家走圈圈、磨豆、打水，加起來已經走了十萬八千里了耶！」

唐三藏的馬兒聽了，回答說：「我這一趟背載唐三藏出門，算一算，也走了十萬八千里……」

這些馬，同樣都走了十萬八千里——留在農舍的馬兒們，天天只有磨豆、打水、走圈圈；但是，背載唐三藏的馬兒，已經是一匹見過無數世面、經歷無數艱難，也享受過美好一生的「聖馬」。

在我們有限生命之中，不能一輩子都留主人家，只圍著小圈圈推磨豆子啊！每個人都要勇敢地走出去、闖天下，做出令人羨慕的事啊！

別人的生命，為什麼比我們精彩？是因為他們——「勇敢、衝動」去做許多突破自己生命的事！所以，有人是「弱馬」、有人是「病馬」、有人是雄糾糾的「駿馬」、有人是驍勇善戰的「勇馬」、有人是使命必達的「聖馬」……

一個人不能一直躲在生命一角，消極、懈怠地自我感覺良好，或安慰自己——「我平淡、平庸、普通就好！」不積極、不勇敢、沒志向，人生就會一事無成。

**人要「下定決心、改變自己」，才能改變命運。**

**因為，「收穫與榮耀，是留給膽子大、敢於冒險的人。」**

## 職場關鍵字

**轉換跑道：**除了「破釜沉舟」的勇氣與衝勁，轉換跑道前，可以先分析自己在工作上的優勢能力，以及未來工作發展目標、新領域所需的工作能力等；結合既有能力、持續學習，並帶著「勇往直前、永不放棄」的精神，才能「出人頭地」，並且站在台上，聽到台下的「掌聲響起」！

### 心靈充電指南

**要養成 TNT「今天就做」的好習慣——Today, Not Tomorrow!**

**沒有人可以打敗我們，但，當心中激情不再，我們就可能「被自己打敗」！**

**人要「把握做大事的契機」，勇於任事、創造新局。如果，我們常「說的比做的還多」，或常以舊規來「自我設限」，也不敢「跳出窠臼」，則將無法開創出大事業啊！**

# 36 跌到職場谷底，別忘了往上爬

職場難免會遇到不如意的時候，如何轉換心情便至關重要。抱怨，無濟於事；轉念，快樂自在。路不是到了盡頭，只是該懂得轉個彎了。

## 現在失去的，不代表將來無法獲得

在華視新聞部前後兩年期間，著實讓我學習甚多，但是，到底為什麼我會離開「華視記者」的工作呢？

很多人罵我「那麼笨、好傻」，好不容易第一名考上華視記者，薪水待遇那麼高，又是天天在螢幕上曝光、人人羡慕，何必辭掉這麼好的工作？

的確，我原本只想唸完碩士就好了，計劃當一名高知名度的電視記者；而我也盡心盡力扮演好這個角色，工作中也常拿到「獨家獎金」。但是，有一天，在我採訪新聞結束後，回到辦公室，赫然發現，辦公桌上放著一張A4大小的紙張，我仔細一看：

「戴先生：奉指示，自九月十日起，請您到國外新聞組工作，以發揮長才，貢獻所學。××年九月九日」

看了這張甲長官親筆的「手諭」，讓我嚇了一跳——開玩笑，太誇張了吧！當初我第一名考進來是採訪組的「記者」，不是國外組的「編譯」呀！怎麼沒有任何事前告知，也沒有任何理由，只有一張紙條，就把我調職？

當時，我莫名其妙，即拿著紙條，到甲長官桌前詢問，怎麼回事？

「我不知道，這是乙長官的命令，我只是『奉指示』告訴你這件事；什麼原因，我不曉得！」甲長官說不知情，叫我去問乙長官。

我又拿著「調職手諭」紙條到乙長官辦公室，問清楚原因。

乙長官看著我，沒有一絲笑容，只是冷淡地說：「沒什麼原因啦，你的英文程度比較好，你明天開始就去國外組當編譯，以發揮你的才華！」

「我的英文程度比較好？」天啦，我大學聯考英文只考十一分，托福考八次，居然會說我英文好？不，這絕對不是把我調職的「真正原因」！

可是，過去一向對我不錯的乙長官，似乎情緒很低落，不願和我多說話，只叫我服從命令，明天到國外組當編譯！

當時我有些衝動，想「辭職不幹」了！不過，在同事的勸說下，我沒有衝動地辭職；心想，可能過些時候，事情會比較清楚，或許會有轉圜的餘地。於是，我很不情願地忍了下來，隔天到國外組報到，當起「編譯」。

## 換個心境，就能脫離困境

調職第四天，乙長官叫我到辦公室找他，並客氣地詢問我新工作的情況，並說，現在他的情緒比較平靜，可以告訴我調職的原因。

在乙長官開誠布公地與我詳談之後，我發現，在某些公事的處理上，以及別人的傳話上，似乎存在一些「誤會」；當我們把不愉快的心結打開之後，乙長官的氣消了，而他也和藹地對我說：「晨志，命令已經下了，不能馬上又改，沒關係，你就暫時到國外組當編譯，磨練一下英文，過幾個月，我答應你，再把你調回來採訪組！你好好去當編譯，發揮英文的才華……」就這樣，乙長官的真誠相勸，使我的心情比較坦然、釋懷。

而且，有時想想，在國外組當編譯，倒也是蠻快樂的，因在輪值早班時，雖然「清晨五點半」就要上班，即開始接收外電、翻譯國外新聞，但中午十二點就可以下班。下午、晚上時間非常充裕，我在藝專、世新等校兼課、當講師，希望做個理論、實務兼具的新聞人。

更重要的是，我在擔任編譯期間，即著手申請美國大學「博士班」的入學許可。皇天總是不負苦心人，當我寄了碩士班的成績單，以及許多在華視採訪的「獨家新聞」錄影帶後，奧瑞崗大學即很快地准許我入學博士班。

半年後，乙長官遵其諾言，又把我調回採訪組擔任「記者」；但是，此時我已申請好美國大學，心情非常篤定，也很有計畫地告訴乙長官：「謝謝長官的栽培，在擔任編譯時，我天天唸英文，所以英文程度大有進步，也已申請好奧瑞崗大學博士班入學許可。我很高興回到採訪組跑新聞，但是，我已經決定只做到六月三十日，就離開華視新聞部！」

如今，我獲博士學位回國已經三十年，抽屜內也一直留有甲長官「突然」將我調職的那張「手諭命令」；但，回想這些往事時，覺得長官們還真是我的「貴人」呢！正因為他們突然把我調職，才使我沮喪地去申請美國博士班。

是的，當老天「關了一扇門」時，我們自己必須再去「開一扇門」。

因為——路，是人走出來的；天，沒有絕人之路。

## 低潮時，要轉換心情，走出不快，才能解決問題

罹患癌症的中國時報記者冉亮小姐生前曾說：「我最不喜歡讓自己跌入

depression當中！每當我感到沮喪將要籠罩我時，我就必須趕快採取行動，阻擋它的來臨。好似出於直覺地，有時我會拿起電話來進行訪談……」

嗯，這是多麼棒的「轉念」！當預知心情沮喪快來時，趕快以行動來驅趕它，打打電話，心情會更好！我們也可以出去兜風、打球、洗個澡、逛個街、看場電影……一念之間，一個立即行動，心境就可以改變，困境也可能脫離。

不過，轉個念頭，看來很簡單，卻也是極為困難，需要學習、實踐、力行啊！同時，我們也必須學習「看得開的生命力」；或許，有很多事不如人意、事與願違，但「看得開」，可以使我們的生命更灑脫。有時，當我們認為是個「大災難」，但事後回顧，會突然發覺——無論過去是如何晦暗痛苦，但事實上竟「對我們很有幫助」。塞翁失馬，焉知非福？

所以，**「最低潮，往往是最高潮的開始！」不是嗎？**

## 職場關鍵字

**轉換念頭：**我們都必須學習「轉念」，因為，「負面思考」會讓我們活在黑暗的深淵之中；但「正面思考」，卻可以讓我們活在歡喜的天空之中。也因此，「轉念更自在」——只要轉個念頭，拋開失落、悲傷的煩惱，就可以用愉悅、歡喜的心，迎向我們的每一天。

### 心靈充電指南

**轉換「心境」，就能脫離「困境」！**

**最好的時候，要有最壞的打算；最壞的時候，更要抱持著最大的希望！**

**噩運與困難，不會永遠持續，但生命力堅強的人，卻能永遠生存。**

後記

# 漫漫職涯，只待你去探險

努力成為「自由移動能力的強者」！今天不努力工作，明天要努力找工作。問題不在難度，而在態度。要積極，讓自己贏在不可能。

二〇〇九年，全球發生金融風暴，當時我應邀前往新加坡演講，當地最大報紙《星島日報》記者，也以書面提問，詢問我一些看法；這些看法，放在疫情後、社會動盪的現今仍適用，謹將刊登於《星島日報》副刊的文章，與讀者們一起分享——

Q1：有調查和跡象顯示，這場席捲全球的金融風暴，經濟不景氣導致職場人對行業前景、對職場這個大環境的信心降低。職場人當下的普遍心態包括悲觀、焦慮、信心不足。您認為，金融危機給職場帶來哪些主要變化？

**戴：**金融風暴與危機，許多公司倒閉，有些人被裁員、被減薪，有人找不到工作，這提醒我們「沒有永遠的鐵飯碗」；人，必須擁有「多項才華」和「不被取代性」，才不會被危機所打敗。同時，職場上的表現，不是看「學歷」，而是看「能力」和「努力」；如果工作態度不佳、不夠積極，往往就會成為被老闆裁員的對象。

所以，在最壞的時代，不能悲觀，因為，「**想成功的人，沒有悲觀的權利！**」而且，「**經濟不景氣，淘汰不爭氣！**」在職場上，沒創新、沒創意，墨守成規的人，可能就會被淘汰。

也因此，「不生氣，要爭氣！」萬一在職場中失業了，必須「失業，不失志！」要樂觀，要再充電、再學習，保持「永遠學習的態度」，尋找東山再起的契機。

Q2：世道不好，您認為，職場人應該以何種態度，如何調整心態？如何面對這個時代？

**戴：**許多人一直住在一個「舒適圈」中，認為只要有工作就好了！可是，如果不突破，只住在小小的舒適圈中，就可能成為下一波被淘汰的對象。所以，「不看破，要突破！」職場人要有「強烈成功的飢渴性」──渴望要成功、要突破、要創造更棒的成績。

所以，「力量來自渴望」，如果對成功沒有飢渴性，哪來動力再衝刺？因此，職場人要記得──

一、若要人前顯貴，就要人後受罪。想成功，就不能怕苦；要「窮中立志、苦中進取。」

二、要主動參與、主動投入、主動學習、主動表現。

三、要把事情做得比主管、老闆要求的標準高一點，要盡心、盡力，用「高標準」來要求自己。

Q3：大家心情都不怎麼好的情況下，在職場中與同事溝通該彼此注意什麼？如何溝通？

**戴：**「山不過來，要主動走向山去！」職場中同事之間的溝通，要主動表現善意；也要記得——

一、「**肯定自己，欣賞自己，看到別人。**」——看到別人的好、別人的優點、別人的付出。

二、「**多灑香水，少吐苦水，少潑冷水。**」多給別人言語上的肯定和鼓勵，不要一直抱怨、吐苦水、潑冷水。

三、「**給人信心、給人希望、給人歡喜、給人溫暖、給人安慰。**」多給人一些正面的言語，人際溝通就會更好。

## Q4：在這個最壞的時代裏，職場人如何尋找機會？如何在逆境求存？

**戴：**在此最壞的時代，每個人都要把自己最棒的優點展現出來；因為，一個人能夠「被看見」，才能有機會展現自己的抱負啊！因此，想要逆境求存，記得——

一、要勇敢表現自己。因為，「別人沒有認識你的義務，但你有自我行銷的權利。」

二、懷才不遇，是你的錯！為什麼你要懷才不遇呢？你為什麼不主動去推銷自己？為什麼不會毛遂自薦？為什麼不敢開口創造機會？你也可以主動與成功者打交道啊！

三、「問題不在難度，而在態度。」一個人要態度積極，用行動來逆轉命運；因為，一個人的「態度」，決定他的「高度」；一個人的「格局」，決定他的「結局」。

**Q5：職場人在壞時代有什麼致勝方法？**

**戴：**在不景氣的時代，請記得——

一、「少抱怨，多實踐！」抱怨沒用，要積極用心在自己的專業。

二、「一小時的實踐，勝過二十四小時的空想！」空想，是沒有用的，不如用積極行動去實踐。

三、「時間花在哪裡，成就就在那裡！」想想自己的優勢、強項在哪裡？積極去栽培自己，才能創造自我天才。

四、「要讓自己的興趣變專業，才能出奇致勝。」不要去做自己沒興趣的事，要做自己最感興趣的事。

五、在茫茫人海中，你要成為「一眼被看見的人才」——只要積極展現優秀的才能，你就可以「一眼被看見」啊！

## ≫ 累積實力、培養能力，成為自由移動能力的強者

有些大老闆常買私人飛機，自由自在地飛往各地的企業視察、開會；有些大歌星、影星，常受邀在世界各地巡迴演唱，或在不同的場景拍戲；有些知名的大球星，被高薪挖角，今天效力甲隊，明天成為受人矚目、超高年薪的乙隊……

這些知名的人、擁有才華的人、高薪被禮聘的人、各地走透透演唱的人……想想看，他們是不是都是「自由移動能力強的人」？

這些人，不會固定綁死在一個角落，也不會困守在一家小雜貨店裡；他們能力強，有才華、有事業，有「自由移動能力」，所以可以經常在各地移動……

在這全球化的時代，知名歌星只要帶著麥克風，今天在香港、明天在北京、後天在新加坡……全球巡迴演唱。電腦工程師、大企業家也是一樣，只帶著腦袋和小電腦，就能全世界飛來飛去。誰能擋住他們？沒有！誰也擋不住他們。

然而，有些人「自由移動能力低」，他只是宅男宅女，或沒有能力，移不動；沒有人禮聘、沒有人邀請，也沒有金錢移動、旅遊，只有待在一個小框框裡，哪裡

都去不了！

「自由移動能力強者」，年薪上百萬、千萬美元；「自由移動能力低者」，沒人青睞，只能打工以時薪「一百七十六元」計算，不是嗎？

職場上有一句話：**「今天不努力工作，明天要努力找工作。」**

每個人在自己的人生道路上，都在努力學習——「化不可能為可能」，也就是「贏在不可能」。只有讓自己全心學習專業，讓自己更有實力，才能「贏在不可能」，也才能成為一個「自由移動能力強的人」。

所以，**「不怕失敗、不怪別人；積極創新、勇敢突破」，才能讓自己逐漸成為一個「自由移動能力強的人」啊！**

國家圖書館出版品預行編目(CIP)資料

態度，決定你的亮度：職場致勝關鍵，不在難度，而在態度／ 戴晨志作 . -- 初版 . -- 臺中市：晨星出版有限公司，2024.02
面；　公分 . --（勁草叢書；544）
ISBN 978-626-320-614-4（平裝）
1.CST：職場成功法
494.35　　112013257

歡迎掃描 QR CODE
填線上回函！

勁草叢書 544

# 態度，決定你的亮度

## 職場致勝關鍵，不在難度，而在態度

作者　戴晨志
編輯　陳詠俞
校對　戴晨志、陳詠俞
內頁設計　張蘊方
封面設計　KAO

創辦人　陳銘民
發行所　晨星出版有限公司
407 台中市西屯區工業 30 路 1 號 1 樓
TEL：04-23595820　FAX：04-23550581
https://star.morningstar.com.tw
行政院新聞局局版台業字第 2500 號
法律顧問　陳思成律師
初版　西元 2024 年 02 月 01 日（初版 1 刷）

讀者服務專線　TEL：02-23672044 ／ 04-23595819#212
讀者傳真專線　FAX：02-23635741 ／ 04-23595493
讀者專用信箱　service@morningstar.com.tw
網路書店　https://www.morningstar.com.tw
郵政劃撥　15060393（知己圖書股分有限公司）

印刷　上好印刷股分有限公司

**定價 350 元**

ISBN 978-626-320-614-4

Published by Morning Star Publishing Inc.
Designed by Freepik
Printed in Taiwan